普通高等教育化学类专业“十三五”规划教材

应用化学专业实验

主　编　刘　斌　常　薇
丁　涛　郑长征

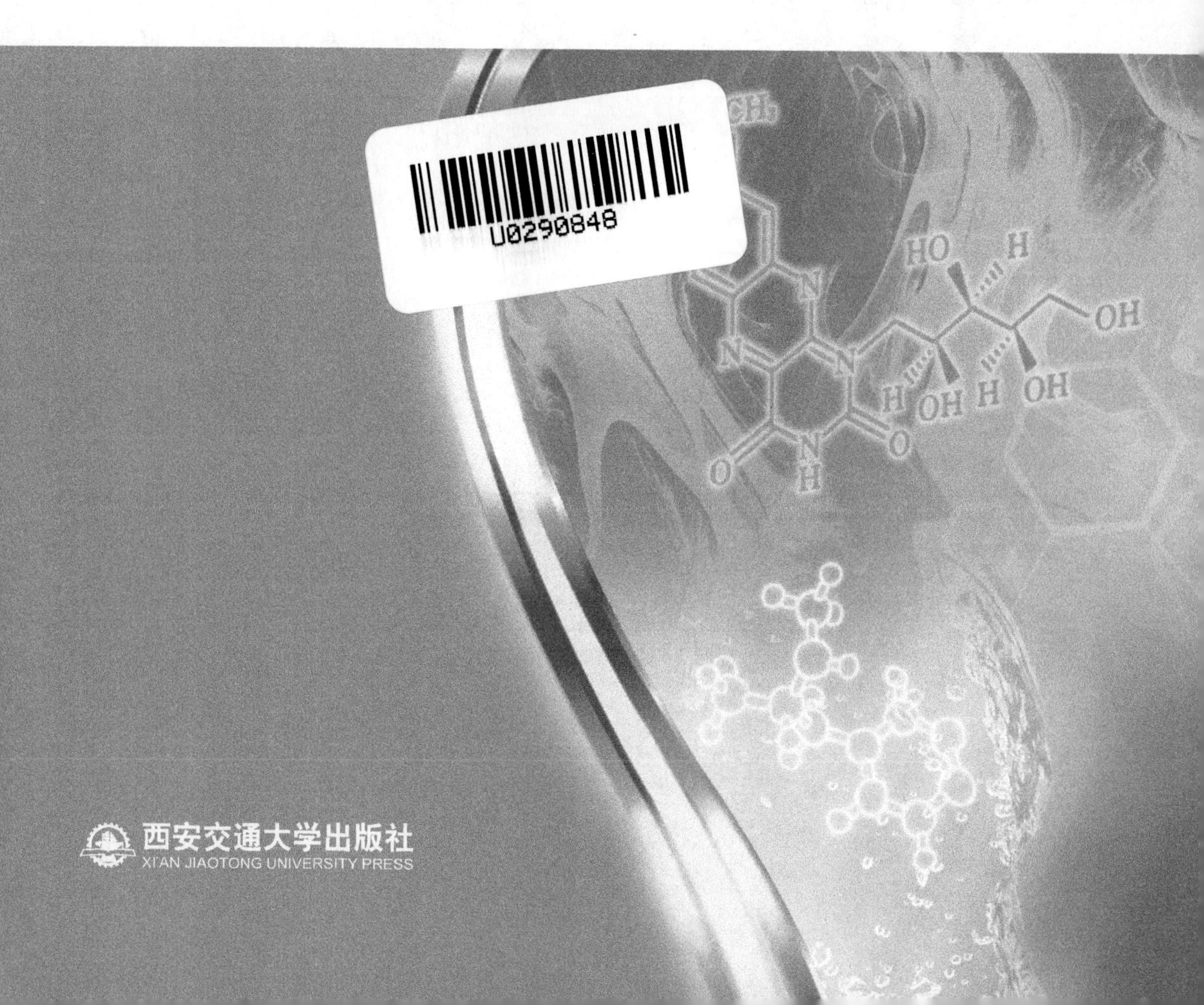

内容提要

本书主要内容综合了无机化学、有机化学、分析化学、材料化学、物理化学等相关的实验内容，包括无机物或有机物的制备、分离与鉴定、物理化学性能分析等。部分实验内容是根据教师的科研成果提炼设计的，具有一定的综合性和创新性。另外，对应用化学实验基础知识和一些常见仪器的使用操作在附录中给予介绍。本书可作为高等院校应用化学专业实验教材，也可作为化工、环工、生物等专业学生的参考书，并可供相关专业研究生、技术人员与研究人员参考。

图书在版编目(CIP)数据

应用化学专业实验/刘斌等主编. —西安：西安交通大学出版社，2017.9
ISBN 978-7-5693-0148-9

Ⅰ. ①应… Ⅱ. ①刘… Ⅲ. ①应用化学-化学实验
Ⅳ. ①O69-33

中国版本图书馆 CIP 数据核字(2017)第236170号

书　　名　应用化学专业实验
主　　编　刘　斌　常　薇　丁　涛　郑长征
责任编辑　毛　帆

出版发行　西安交通大学出版社
　　　　　　(西安市兴庆南路10号　邮政编码710049)
网　　址　http://www.xjtupress.com
电　　话　(029)82668357　82667874(发行中心)
　　　　　　(029)82668315(总编办)
传　　真　(029)82668280
印　　刷　虎彩印艺股份有限公司

开　　本　787mm×1092mm　1/16　　**印张** 9　　**字数** 214千字
版次印次　2017年12月第1版　2017年12月第1次印刷
书　　号　ISBN 978-7-5693-0148-9
定　　价　25.00元

读者购书、书店添货、如发现印装质量问题，请与本社发行中心联系、调换。
订购热线：(029)82665248　(029)82665249
投稿热线：(029)82668818　QQ:354528639
读者信箱：lg_book@163.om

Foreword 前言

应用化学专业是一门实践性和应用性很强的专业。为适应21世纪我国社会经济发展的人才需求，本专业要求学生掌握化学的基础知识、基本理论和现代实验技能，在多学科交叉的基础研究和应用方面具有科学的思维和发现问题、分析和解决问题的能力。

西安工程大学于2010年开始实施新的人才培养方案，其中将应用化学专业的许多专业课课内设置的实验统一合并，设立了应用化学专业必修课程《专业综合实验》。为此，化学工程系于2010年建立了专业综合实验教学组。经过多年的教学实践，我们逐步完善课程指导思想，依据学校现有条件，对课程讲义进行了多次的修订。本书就是在多次修订讲义的基础上，进一步整理、增删而定稿的。

本书内容综合了无机化学、有机化学、分析化学、材料化学、物理化学等相关的实验内容，包括无机物或有机物的制备、分离与鉴定、物理化学性能分析等，部分实验内容是根据教师的科研成果提炼设计的，具有一定的综合性和创新性。另外，对应用化学实验基础知识和一些常见仪器的使用操作在附录中给予介绍。

本书由刘斌、常薇、丁涛、郑长征任主编，参加本书编写的还有：薛凝、霍倩、王红红、周莹莹。在本书编写过程中，得到了西安工程大学环境与化学工程学院学院杜燕萍、郁翠华等老师的大力支持与帮助；在此，谨向他们表示衷心的感谢。

限于编者的水平，以及实验内容选择受到实验室条件的制约，本教材难免存在不足，恳请专家和读者批评指正。

编　者

2017年10月

Contents 目录

实验1 过氧化钙的制备、组成分析及印染废水脱色试验

一、实验目的

(1)掌握过氧化钙的制备原理和方法。

(2)掌握测定产品中过氧化钙含量的方法。

(3)掌握印染废水脱色的原理和方法。

二、实验原理

过氧化钙(CaO_2)是一种新型的多功能无机精细化工产品。它在常温下为白色或淡黄色粉末,无臭、无毒,难溶于水,在湿空气或水中可长期缓慢释放出氧气,具有较强的脱色、杀菌、消毒、增氧、防腐作用,已广泛应用于农业种植、水产养殖、环境保护、食品加工和冶金工业等各个领域。

1.过氧化钙的制备原理

$CaCl_2$ 在碱性条件下与 H_2O_2 反应(或 $Ca(OH)_2$、NH_4Cl 溶液与 H_2O_2 反应)得到 $CaO_2 \cdot 8H_2O$沉淀,反应方程式如下

$$CaCl_2 + H_2O_2 + 2NH_3 \cdot H_2O + 6H_2O = CaO_2 \cdot 8H_2O + 2NH_4Cl$$

2.过氧化钙含量的测定原理

利用在酸性条件下,过氧化钙与酸反应生成过氧化氢,再用 $KMnO_4$ 标准溶液滴定,而测得其含量,反应方程式如下

$$CaO_2 + 2HCl = H_2O_2 + CaCl_2$$

$$2MnO_4^- + 5H_2O_2 + 6H^+ = 2Mn^{2+} + 5O_2\uparrow + 8H_2O$$

合并后为

$$5CaO_2 + 2MnO_4^- + 16H^+ = 5Ca^{2+} + 2Mn^{2+} + 5O_2\uparrow + 8H_2O$$

$$CaO_2\% = \frac{5 \times C_{MnO_4^-} \times V_{MnO_4^-} \times 10^{-3} \times M_{CaO_2}}{2 \times m_{测}} \times 100\%$$

3.印染废水脱色研究

印染废水是极难处理的工业废水之一,其具有水质变化大、有机污染物含量高、碱性大、色度深、污染物组分差异大等特点。它的存在不仅影响纺织印染业的可持续发展,而且在一定程度上对人类的生存环境造成了威胁,研究开发新型高效的印染废水脱色材料是解决这一问题的有效途径之一。印染废水溶液的脱色率按照下面的公式进行计算:

$$\eta = \frac{A_0 - A}{A_0} \times 100\%$$

式中：η——印染废水溶液的脱色率，%；

A_0——印染废水溶液脱色前初始吸光度；

A——含有 CaO_2 样品的印染废水溶液脱色后的实际吸光度。

三、仪器与试剂

（1）仪器：电炉、循环水真空泵、布氏漏斗、分析天平、酸式滴定管、紫外可见分光光度计、干燥器。

（2）试剂：$CaCl_2 \cdot 2H_2O$、H_2O_2（30%）、0.02 $mol \cdot L^{-1}$ $KMnO_4$ 标准溶液、浓 $NH_3 \cdot H_2O$、2 $mol \cdot L^{-1}$ HCl 溶液、0.05 $mol \cdot L^{-1}$ $MnSO_4$ 溶液、冰。

四、实验步骤

1. 过氧化钙的制备

称取 7.5 g $CaCl_2 \cdot 2H_2O$，用 5 mL 水溶解，加入 25 mL 30%的 H_2O_2，边搅拌边滴加由 5 mL浓 $NH_3 \cdot H_2O$ 和 20 mL 冷水配成的溶液，然后置冰水中冷却半小时。抽滤后用少量冷水洗涤晶体 2～3 次，然后抽干置于恒温箱，先在 60 ℃下烘 0.5 h，再在 140 ℃下烘 0.5 h，转入干燥器中冷却后称重，计算产率。

2. 过氧化钙含量的测定

准确称取 0.2 g 样品于 250 mL 锥瓶中，加入 50 mL 水和 15 mL 2 $mol \cdot L^{-1}$ HCl 溶液，振荡使溶解，再加入 1 mL 0.05 $mol \cdot L^{-1}$ $MnSO_4$，立即用 $KMnO_4$ 标准溶液滴定，溶液呈微红色并且在半分钟内不褪色，即为终点。平行测定三次，计算 CaO_2 的含量（%）。

3. 过氧化钙预处理印染废水的试验

取 50 mL 印染废水，加入一定量的 CaO_2，于室温下反应一段时间，静置至完全沉淀，取上清液，利用紫外可见分光光度计测定溶液吸光度，计算脱色率。该试验影响因素主要有过氧化钙用量、pH 值、反应时间等。

五、注意事项

（1）反应温度以 0～8 ℃为宜，低于 0 ℃，液体易冻结，使反应困难。

（2）抽滤出的晶体是八水合物，先在 60 ℃下烘 0.5 h 形成二水合物，再在 140 ℃下烘 0.5 h，得无水 CaO_2。

六、问题与思考

（1）所得产物中的主要杂质是什么？如何提高产品的产率与纯度？

（2）CaO_2 产品有哪些用途？

（3）$KMnO_4$ 溶液滴定常用 H_2SO_4 溶液调节酸度，而测定 CaO_2 产品时为什么要用 HCl？这对测定结果会有影响吗？如何证实？

（4）测定时加入 $MnSO_4$ 的作用是什么？可以不加吗？

实验 2　工业纯碱(Na_2CO_3)的制备及总碱度分析

一、实验目的

(1)掌握利用复分解反应及盐类的不同溶解度制备无机化合物的方法。

(2)掌握温控、灼烧、减压过滤及洗涤等操作。

(3)进一步巩固酸碱平衡和强酸滴定弱碱的理论及滴定分析操作技能。

(4)掌握工业纯碱总碱度测定的原理和方法。

二、实验原理

碳酸钠又名苏打,外观为白色粉末或细粒结晶,工业上叫纯碱,是基本化工原料之一,广泛用于造纸、肥皂、纺织印染、建材、化学工业、冶金、石油、国防、医药等领域。

1. Na_2CO_3 的制备原理

Na_2CO_3 的工业制法是将 NH_3 和 CO_2 通入 NaCl 溶液中,生成 $NaHCO_3$,经过高温灼烧,失去 CO_2 和 H_2O,生成 Na_2CO_3,反应式为

$$NH_3+CO_2+H_2O+NaCl = NaHCO_3+NH_4Cl$$

$$2NaHCO_3 = Na_2CO_3+CO_2\uparrow+H_2O$$

在第一个反应中,实质上是 NH_4HCO_3 与 NaCl 在水溶液中的复分解反应,因此本实验直接用 NH_4HCO_3 与 NaCl 作用来制取 $NaHCO_3$,反应式为

$$NH_4HCO_3+NaCl = NaHCO_3+NH_4Cl$$

2. 产品纯度分析与总碱度的测定原理

工业纯碱的主要成分为碳酸钠,其中可能还含有少量 NaCl、Na_2SO_4、NaOH 及 $NaHCO_3$ 等成分,常以 HCl 标准溶液为滴定剂测定总碱度来衡量产品的质量。滴定反应为:

$$Na_2CO_3+2HCl = 2NaCl+H_2CO_3$$

$$H_2CO_3 = CO_2\uparrow+H_2O$$

反应产物 H_2CO_3 易形成过饱和溶液并分解为 CO_2 逸出。化学计量点时溶液 pH 值为 3.8～3.9,可选用甲基橙为指示剂,用 HCl 标准溶液滴定,溶液由黄色转变为橙色(pH 值≈4.0)即为终点。试样中的 $NaHCO_3$ 同时被中和。

由于试样易吸收水分和 CO_2,应在 270 ℃～300 ℃将试样烘干 2 h,以除去吸附水并使 $NaHCO_3$ 全部转化为 Na_2CO_3,工业纯碱的总碱度通常以 ω_{Na_2O} 表示。

$$\omega_{Na_2O}=\frac{C_{HCl}\times V_{HCl}\times 10^{-3}\times M_{Na_2O}\times 10}{2m}\times 100\%$$

三、仪器与试剂

(1)仪器:恒温水浴锅、循环水真空泵、烧杯、布氏漏斗、蒸发皿、量筒、干燥器、台秤、分析天平、容量瓶、移液管、锥形瓶、酸式滴定管。

(2)试剂:NaCl(固)、NH_4HCO_3(固)、0.1 mol·L^{-1} HCl 溶液、甲基橙指示剂(1 g·L^{-1})、无水 Na_2CO_3(AR)。

四、实验步骤

1. Na_2CO_3 的制备

(1)$NaHCO_3$ 中间产物的制备。

取 25 mL 含 25%纯 NaCl 的溶液于小烧杯中,放在水浴锅上加热,温度控制在 30 ℃～35 ℃之间。同时称取 NH_4HCO_3 固体(加以研磨)细粉末 10 g,在不断搅拌下分几次加入到上述溶液中。加完 NH_4HCO_3 固体后继续充分搅拌并保持在此温度下反应 20 min 左右,静置 5 min 后减压过滤,得到 $NaHCO_3$ 晶体。用少量水淋洗晶体以除去黏附的铵盐,再尽量抽干母液。

(2)Na_2CO_3 的制备。

将上面制得的中间产物 $NaHCO_3$ 放在蒸发皿中,置于石棉网上加热,同时必须用玻璃棒不停地翻搅,使固体均匀受热并防止结块。开始加热灼烧时可适当采用温火,5 min 后改用强火,大约灼烧 0.5 h 左右,即可制得干燥的白色细粉状 Na_2CO_3 产品。放入干燥器中冷却到室温后,在台秤上称量并记录最终产品 Na_2CO_3 的质量。

(3)产品产率的计算。

根据反应物之间的化学计量的关系和实验中有关反应物的实际用量,确定产品产率的计算基准,然后计算出理论产量 m 及产品产率。

本实验用纯 NaCl 为原料,其纯度以 100%计算。

2. Na_2CO_3(产品)中总碱度的分析

(1)0.1 mol·L^{-1} HCl 溶液的标定。

准确称取 0.10～0.15 g 无水 Na_2CO_3 三份,分别放于 250 mL 锥形瓶中。加入约 25 mL 水使之溶解,加入 2 滴甲基橙指示剂,用待标定的 HCl 溶液滴定至溶液由黄色恰变为橙色,即为终点。记下所消耗 HCl 溶液的体积,计算每次标定的 HCl 溶液浓度,并求其平均值及各次的相对偏差。

(2)总碱度的测定。

准确称取 1.0～1.3 g 自制的 Na_2CO_3 产品于烧杯中,加入少量水使其溶解,必要时可稍加热以促进溶解。冷却后,将溶液定量转入 250 mL 容量瓶中,加水稀释至刻度,充分摇匀。平行移取试液 25.00 mL 三份于 250 mL 锥形瓶中,加 20 mL 水及 2 滴甲基橙指示剂,用 HCl 标准溶液滴定至溶液由黄色恰变为橙色,即为终点。记下所消耗 HCl 溶液的体积,计算各次测定的试样总碱度(以 Na_2O%表示),并求其平均值及各次的相对偏差。

五、注意事项

(1)NH_4HCO_3 固体粉末不能一次性加入 NaCl 的溶液中。

(2) $NaHCO_3$ 加热分解时应注意经常翻搅。

六、问题与思考

(1)本实验有哪些主要因素影响产品的产量？影响产品纯度的主要因素有哪些？

(2)一般酸式盐的溶解度比正盐要大，而 $NaHCO_3$ 的溶解度为什么比 Na_2CO_3 小？

(3)无水 Na_2CO_3 如保存不当，吸收了少量水分，对标定 HCl 溶液的浓度有什么影响？

(4) Na_2CO_3 基准试剂使用前为什么要在 270 ℃～300 ℃下烘干？温度过高或过低对标定有何影响？

(5)测定总碱度的试样如果不是干基试样，并含有少量 $NaHCO_3$，测定结果与干基试样比较，会有何不同？为什么？

(6)标定 HCl 溶液常用的基准物质有哪些？测定总碱度应选用何种？为什么？

(7)用 HCl 标准溶液滴定工业碱，用甲基橙作为指示剂，为何是测定总碱度？为什么应滴定至指示剂呈橙色即为终点？

实验3　十二烷基硫酸钠的合成及纯度测定

一、实验目的

(1)了解表面活性剂基本概念、分类、性质和用途。

(2)掌握十二烷基硫酸钠表面活性剂的合成原理和合成方法。

(3)掌握十二烷基硫酸钠纯度的测定方法。

二、实验原理

1. 十二烷基硫酸钠的合成

(1)主要性质和用途。

十二烷基硫酸钠(sodium dodecyl sulfate,简写为SDS)分子式为$C_{12}H_{25}SO_4Na$,别名月桂醇硫酸钠,是重要的脂肪醇硫酸酯盐型阴离子表面活性剂。熔点180 ℃～185 ℃,185 ℃分解。易溶于水,有特殊气味,无毒。它的泡沫性能、去污力、乳化力都比较好,能被生物降解,耐碱、耐硬水,但在强酸性溶液中易发生水解,稳定性较磺酸盐差;可做矿井灭火剂、牙膏起泡剂、洗涤剂、高分子合成用乳化剂、纺织助剂及其他工业助剂,广泛应用于化工、纺织、印染、化妆品和洗涤用品制造、制药、造纸、石油、金属加工等各种工业部门。

(2)合成原理。

先由月桂醇($C_{12}H_{25}OH$)与氯磺酸($ClSO_3H$)进行磺化反应,生成磺酸酯($C_{12}H_{25}OSO_3H$),然后用氢氧化钠(NaOH)与磺酸酯($C_{12}H_{25}OSO_3H$)进行中和反应,生成十二烷基硫酸钠($C_{12}H_{25}OSO_3Na$)。其反应式如下

$$C_{12}H_{25}OH + ClSO_3H \longrightarrow C_{12}H_{25}OSO_3H + HCl\uparrow$$

$$C_{12}H_{25}OSO_3H + NaOH \longrightarrow C_{12}H_{25}OSO_3Na + H_2O$$

2. 酸碱滴定法测定十二烷基硫酸钠的纯度

十二烷基硫酸钠在强酸性溶液中水解生成十二醇和硫酸,反应式如下

$$2C_{12}H_{25}SO_4Na + 2H_2O \xrightarrow{H_2SO_4} 2C_{12}H_{25}OH + H_2SO_4 + Na_2SO_4$$

通过样品和空白实验所耗NaOH标准溶液的体积差,可求出十二烷基硫酸钠的质量分数。

三、仪器与试剂

(1)仪器:托盘天平、分析天平、电动搅拌器、电热套、四口烧瓶(250 mL)、滴液漏斗(60 mL)、烧杯、烧瓶、碱式滴定管、氯化氢吸收装置、温度计、量筒、回流冷凝管。

(2)试剂:邻苯二甲酸氢钾、月桂醇、氯磺酸、氢氧化钠、硫酸、无水乙醇、酚酞、去离子水、广泛pH值试纸。

四、实验步骤

1. 十二烷基硫酸钠的合成

在装有电动搅拌器、温度计、滴液漏斗和气体吸收装置的的 250 mL 四口圆底烧瓶中加入 23.3 g 月桂醇(0.125 mol)，室温下慢慢滴加 16 g 氯磺酸(0.125 mol)，约 15 min 滴完(滴加时温度不要超过 30 ℃)，此时瓶内有固体状物析出(注意起泡沫，勿使物料溢出)。升温到 40 ℃～45 ℃，变为浅棕色溶液，在此温度下继续搅拌 2 h，冷却至室温。反应中产生的氯化氢气体用质量分数 5% NaOH 溶液吸收。

磺化反应结束后，将磺化反应产物缓慢的倒入盛有 100 g 冰和水混合物的 250 mL 烧杯中(冰：水=2：1)，同时充分搅拌，外面用冰水浴冷却。最后用少量水把四口烧瓶中的反应物全部洗出。稀释均匀后，在搅拌下慢慢滴加质量分数 30% NaOH 溶液进行中和至 pH 值为 7～8.5，干燥得固体样品。

2. 十二烷基硫酸钠的纯度分析

(1)0.25 $mol \cdot L^{-1}$ NaOH 溶液的标定。

准确称取 1.0～1.2 g 邻苯二甲酸氢钾 3 份，分别放于 250 mL 锥形瓶中。加入约 25 mL 水使之溶解，加入 2 滴酚酞指示剂，用待标定的 NaOH 溶液滴定至溶液由无色恰变为微红色，微红色半分钟内不褪色，即为终点。记下所消耗 NaOH 溶液的体积，计算每次标定的 NaOH 溶液浓度，并求其平均值及各次的相对偏差。

(2)十二烷基硫酸钠的纯度分析。

准确称取 1.0～1.5 g 试样，置于 250 mL 圆底烧瓶中，加入 0.25 $mol \cdot L^{-1}$ 硫酸溶液 25.00 mL，接装水冷凝管，加热回流 2 h，开始加热时，温度不宜过高，待溶液澄清，泡沫停止后，升高温度，充分地回流。冷却后，用 30 mL 乙醇洗涤水冷凝管，再用 50 mL 去离子水洗涤，卸下冷凝管，用去离子水洗涤接口。加入几滴酚酞指示剂溶液，用 NaOH 溶液滴定至终点。同时取 0.25 $mol \cdot L^{-1}$ 硫酸溶液 25.00 mL，用 NaOH 标准溶液滴定，做空白实验。按下式计算十二烷基硫酸钠的质量分数：

$$\omega_{C_{12}H_{25}SO_4Na} = \frac{C_{NaOH} \times (V_1 - V_0) \times 10^{-3} \times M_{C_{12}H_{25}SO_4Na}}{m} \times 100\%$$

式中：V_1——滴定试样所耗 NaOH 标准溶液的体积，mL；

V_0——空白试样所耗 NaOH 标准溶液的体积，mL；

m——试样质量，g。

五、思考题

(1)高级醇硫酸酯盐有哪些特性和用途？

(2)滴加氯磺酸时，温度为什么要控制在 30 ℃以下？

(3)产品的 pH 值为什么控制在 7～8.5？

实验 4　乙酰乙酸乙酯的合成及紫外波谱分析

一、实验目的

(1)了解酯缩合反应制备β-酮酸酯的原理及方法。

(2)掌握无水反应的操作要点。

(3)掌握蒸馏、减压蒸馏等基本操作。

(4)掌握紫外吸收光谱的原理,了解溶剂对紫外光谱的影响。

二、实验原理

乙酰乙酸乙酯为无色或微黄色透明液体,有类似醚和苹果的香气,低等毒性,有刺激性和麻醉性。其具有酮、不饱和键和烯醇式的结构,是有机合成的重要中间体,也是有机合成的重要试剂,广泛用于染料、香料、塑料、医药及添加剂等行业。

1. 乙酰乙酸乙酯的合成

含有α-氢的酯在碱性催化剂存在下,能与另一分子的酯发生克莱森(Claisen)酯缩合反应,生成β-酮酸酯,乙酰乙酸乙酯就是通过这个反应来制备的。

本实验是用无水乙酸乙酯和金属钠为原料,以过量的乙酸乙酯为溶剂,通过酯缩合反应制得乙酰乙酸乙酯。反应式为

$$2CH_3COOC_2H_5 \xrightarrow{Na_2OC_2H_5} CH_3-\overset{\overset{\large O}{\|}}{C}-CH_2-\overset{\overset{\large O}{\|}}{C}-OC_2H_5+CH_3CH_2OH$$

反应机理:利用乙酸乙酯中含有的少量乙醇与钠作用生成乙醇钠。反应式为

$$2C_2H_5OH+2Na \longrightarrow 2C_2H_5ONa+H_2\uparrow$$

随着反应的进行不断地生成乙醇,反应就不断地进行,直至钠消耗完。在乙醇钠作用下,具有α-氢原子的乙酸乙酯自身缩合,生成烯醇型钠盐,再经醋酸酸化即得乙酰乙酸乙酯。金属钠极易与水反应,并放出氢气和大量热,易导致燃烧和爆炸,故反应所用仪器必须是干燥的,试剂必须是无水的。

$$2CH_3COOC_2H_5+C_2H_5ONa \longrightarrow CH_3\underset{\underset{\large ONa}{|}}{C}=CHOOC_2H_5+2C_2H_5OH$$

$$\downarrow CH_3COOH$$

$$CH_3-\overset{\overset{\large O}{\|}}{C}-CH_2-\overset{\overset{\large O}{\|}}{C}-OC_2H_5 \xrightleftharpoons{\text{互变}} CH_3\underset{\underset{\large OH}{|}}{C}=CHCOOC_2H_5+CH_3COONa$$

2. 乙酰乙酸乙酯的紫外光谱分析

乙酰乙酸乙酯有酮式和烯醇式两种互变异构体：

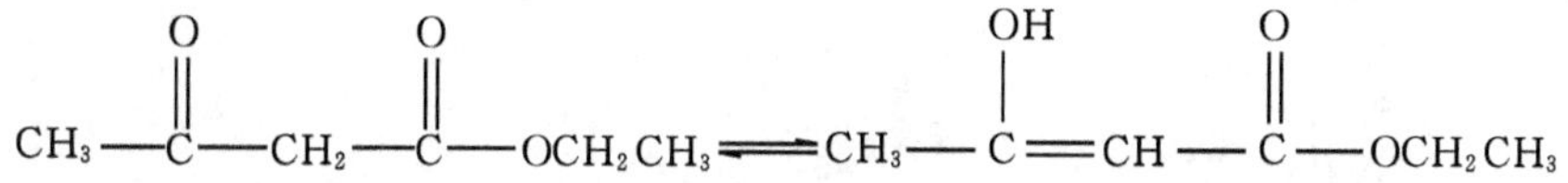

$$\underset{\text{酮式}}{CH_3-\overset{\overset{\displaystyle O}{\|}}{C}-CH_2-\overset{\overset{\displaystyle O}{\|}}{C}-OCH_2CH_3} \rightleftharpoons \underset{\text{烯醇式}}{CH_3-\overset{\overset{\displaystyle OH}{|}}{C}=CH-\overset{\overset{\displaystyle O}{\|}}{C}-OCH_2CH_3}$$

一般情况下两者共存，但在温度、溶剂等条件不同的体系中，两种互变异构体的相对比例有很大差别。表 4-1 是 18 ℃时在不同溶剂中烯醇式的含量。

表 4-1　不同溶剂中乙酰乙酸乙酯的烯醇式含量(18 ℃)

溶剂	烯醇式含量/%	溶剂	烯醇式含量/%
水	0.4	乙酸乙酯	12.9
50%甲醇	1.25	苯	16.2
乙醇	10.52	乙醚	27.1
戊醇	15.33	硫化碳	32.4
氯仿	8.2	己烷	46.4

由表 4-1 可见，当溶剂为水时，体系中几乎不含烯醇式。这是因为水分子中的 OH 基团能与酮式中的 C═O 形成氢键，使其稳定性大大增加，使烯醇式转变为酮式结构。在非极性溶剂中，烯醇式因能形成分子内氢键而稳定，相对含量较高。

由于乙酰乙酸乙酯的酮式和烯醇式的结构不同，它们的紫外、红外吸收光谱和核磁共振谱均有差异，因此可用波谱方法测定它们。本实验用紫外吸收光谱测定乙酰乙酸乙酯。

乙酰乙酸乙酯的酮式结构中是两个孤立的 C═O，它们的 $n\rightarrow\pi^*$ 跃迁能产生两个 R 吸收带；而烯醇式结构中 C═C 和 C═O 处于共轭状态，有共轭的 $\pi\rightarrow\pi^*$ 和 $n\rightarrow\pi^*$ 跃迁，能产生 K 带和 R 带。分别用水和正己烷作溶剂测定乙酰乙酸乙酯，得到两张不同的紫外光谱，前者是酮式的紫外光谱，而后者基本上是烯醇式的紫外光谱。

三、仪器与试剂

(1)仪器：圆底烧瓶(50 mL)、球形冷凝管、干燥管、分液漏斗、克氏蒸馏烧瓶(50 mL)、温度计、真空接收管、直形冷凝管、减压系统装置、紫外可见分光光度计。

(2)试剂：乙酸乙酯、金属钠、乙酸、碳酸钠、无水碳酸钾、氯化钠、氯化钙、无水硫酸镁、正己烷。

四、实验步骤

1. 乙酰乙酸乙酯的合成

(1)实验装置。

乙酰乙酸乙酯合成的实验装置包括反应装置和减压蒸馏装置。如图 4-1 所示，反应装置的回流冷凝管上须加干燥管。减压蒸馏装置包括蒸馏、抽气、测压和保护四部分。

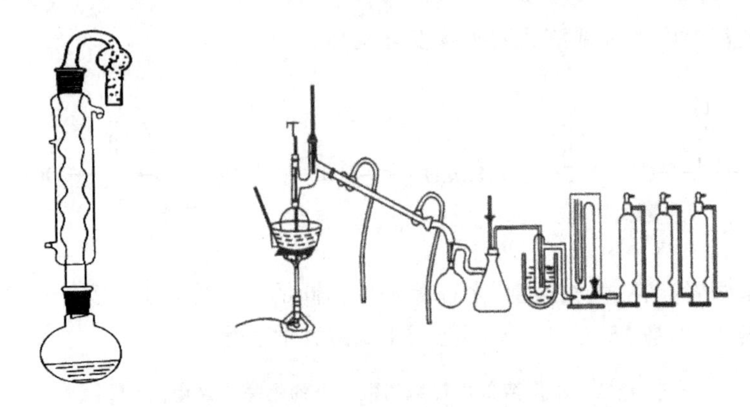

图 4-1　乙酰乙酸乙酯合成的反应装置和减压蒸馏装置

①蒸馏。蒸馏部分由圆底烧瓶、克氏蒸馏头、冷凝管、接引管和接受器组成。在克氏蒸馏头带有支管一侧的上口插温度计，另一口则插一根末端拉成毛细管的厚壁玻璃管。毛细管下端离瓶底约 1～2 mm，在减压蒸馏中，毛细管主要起到沸腾中心和搅动作用，防止爆沸，保持沸腾平稳。在减压蒸馏装置中，接引管一定要带有支管。该支管与抽气系统连接。在蒸馏过程中若要收集不同馏分，则可用带支管的多头接引管。根据馏程范围可转动多头接引管集取不同馏分。接受器可用圆底烧瓶、吸滤瓶等耐压容器，但不可用锥形瓶。

②抽气。实验室里常用的抽气减压设备是水泵或油泵。水泵常因其结构、水压和水温等因素，不易得到较高的真空度。而油泵可获得较高的真空度，好的油泵可达到 13.3 Pa 的真空度。油泵的结构较为精密，如果有挥发性有机溶剂、水或酸性蒸气进入，会损坏油泵的机械结构和降低真空泵油的质量。如果有机溶剂被真空泵油吸收，增加了蒸气压，便会降低抽真空的效能；若水蒸气被吸入，能使油因乳化而品质变坏；酸性蒸气的吸入，能腐蚀机械部件，因此使用油泵时必须十分注意。

③测压。测量减压系统的压力，可用水银 U 形压力计。

④保护。保护系统是由安全瓶（通常用吸滤瓶）、冷阱和两个（或两个以上）吸收塔组成。安全瓶的瓶口上装有两孔橡皮塞，一孔通过玻璃管和橡皮管依次与冷阱、水银压力计及吸收塔、油泵相连接，另一孔接二通活塞。安全瓶的支口与接引管上部的支管通过橡皮管连接。

另外，需要将所用的玻璃仪器烘干，乙酸乙酯加入无水碳酸钾固体干燥。

(2)乙酰乙酸乙酯的合成。

在 50 mL 圆底烧瓶中，加入 10.0 mL 干燥过的乙酸乙酯，小心地称取 1.0 g 金属钠块，快速地切成小的钠丝后立即加入烧瓶中，按图 4-1 安装好反应装置。水浴加热，反应开始反应液呈黄色，若反应太剧烈可暂时移去热水浴，以保持反应液缓缓回流为宜。反应 1.5～2 h 后，金属钠全部作用完毕，停止加热。此时反应混合物变为橘红色并有黄白色固体生成。将反应液冷至室温，边振荡烧瓶，边小心地滴加入 30%乙酸，使其呈弱酸性（约 10 mL 30%的乙酸），此时固体溶解，反应液分层。用分液漏斗分出酯层，水层用 3 mL 乙酸乙酯萃取 2 次，萃取液与酯层合并，有机层用 5 mL 5%的碳酸钠溶液洗涤至中性（洗涤 2～3 次），再用无水硫酸镁干燥酯层。

干燥后的液体倒入 50 mL 克氏蒸馏烧瓶中，安装好减压蒸馏装置，先在常压下水浴加热蒸去乙酸乙酯(回收),再用水泵将残留的乙酸乙酯抽尽,然后用油泵减压蒸出乙酰乙酸乙酯。真空度在 15 mmHg 以下则可用水浴加热蒸馏。

乙酰乙酸乙酯的沸点与压力的关系如表 4-2。

表 4-2 乙酰乙酸乙酯的沸点与压力的关系

压力/mmHg	8	12	15	20	30	60	80
沸点/℃	66	71	73	82	88	97	100

2.波谱法测定乙酰乙酸乙酯互变异构体

(1)乙酰乙酸乙酯酮式紫外光谱测试。

按紫外光谱仪操作规程开启仪器。设定波长扫描范围为开始波长 400 nm,结束波长 200 nm;扫描速度:中速;测光方式:Abs(即吸光度)等。以水为溶剂测定乙酰乙酸乙酯:将装有水的石英比色皿插入空白对比池架,作基线校正,然后,将另一比色皿也装上溶剂水,用样品勺蘸取少量乙酰乙酸乙酯样品加入,搅拌均匀。将比色皿插入样品池架,测定样品的光谱图。

(2)乙酰乙酸乙酯烯醇式紫外光谱测试。

按紫外光谱仪操作规程开启仪器。设定波长扫描范围为开始波长 400 nm,结束波长 200 nm;扫描速度:中速;测光方式:Abs(即吸光度)等。以正己烷为溶剂测定乙酰乙酸乙酯:将装有正己烷的石英比色皿插入空白对比池架,作基线校正,然后,将另一比色皿也装上溶剂正己烷,用样品勺蘸取少量乙酰乙酸乙酯样品加入,搅拌均匀。将比色皿插入样品池架,测定样品的光谱图。

五、数据处理

根据乙酰乙酸乙酯的紫外光谱,分别列出以水和正己烷为溶剂时吸收峰的最大吸收波长(λ_{max})。根据紫外光谱的基本原理,推测它们是何种电子跃迁产生的吸收带。

六、注意事项

(1)称取金属钠时要小心,不要碰到水,擦干煤油,切除氧化膜后快速地切成小的钠丝,立即加入烧瓶。

(2)一定要等到所有的金属钠都反应完毕后,再加入 30%乙酸,不然 30%乙酸和水与金属钠作用将发生燃烧。

(3)常压蒸馏或在较高温度下(真空度较差)蒸馏,都会有部分的乙酰乙酸乙酯分解。

(4)在测定样品的紫外吸收光谱之前,必须对空白样品(即纯溶剂)进行基线校正,以消除溶剂吸收紫外光的影响,用同一种溶剂连续测定若干个样品时,只须作一次基线校正。因为校正数据能自动保存在当前内存中,可供反复使用。若改变溶剂进行测定时,必须用该溶剂重新作基线校正。

(5)紫外光谱的灵敏度很高,应在稀溶液中进行测定,因此测定时加样品应尽量少。

七、思考题

(1)若所用仪器未经干燥处理,对反应有什么影响?为什么?

(2)为什么最后一步要用减压蒸馏?

(3)用30%乙酸中和时要注意什么问题?乙酸浓度过高、用量过多对结果有何影响?

(4)如果样品的摩尔吸光系数 $e \approx 10^4$,欲使测得的紫外光谱吸光度 A 落在0.5~1范围内,样品溶液的浓度约为多少?

实验 5　水杨醛的制备

一、实验目的

(1)学习回流、酸化、萃取、蒸馏的基本方法。

(2)熟悉水蒸气蒸馏操作。

(3)掌握制备水杨醛的原理和方法。

二、实验原理

水杨醛，化学名称为邻羟基苯甲醛，是一种无色或浅褐色油状液体，有杏仁味，沸点196 ℃，熔点−7 ℃，闪点76 ℃，易溶于醇、醚，微溶于水。水杨醛是一种用途极广泛的精细化工产品，广泛用于农药、医药、香料、螯合剂、染料中间体等的合成上。

酚与氯仿在碱性溶液中加热生成邻位及对位羟基苯甲醛。含有羟基的喹啉、吡咯、茚等杂环化合物也能进行此反应。常用的碱溶液是氢氧化钠、碳酸钾、碳酸钠水溶液，产物一般以邻位为主，少量为对位产物。如果两个邻位都被占据则进入对位。不能在水中起反应的化合物可在吡啶中进行，此时只得邻位产物。

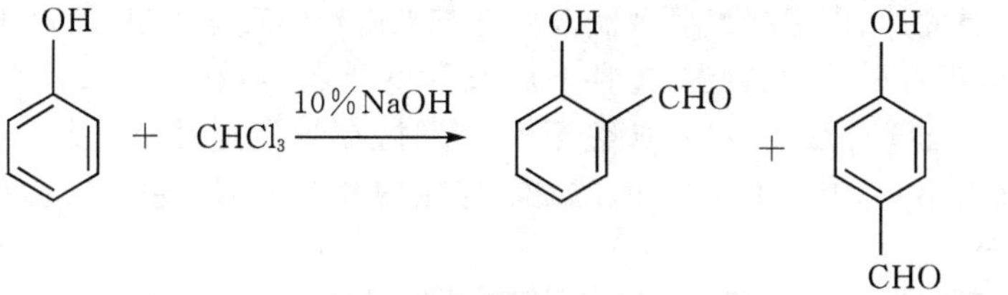

$$C_6H_5OH + CHCl_3 \xrightarrow{10\%NaOH} o\text{-}HOC_6H_4CHO + p\text{-}HOC_6H_4CHO$$

水杨醛　20%～35%　　对羟基苯甲醛　8%～12%

Reimer-Tiemann Mechanism:芳环上的亲电取代反应

首先氯仿在碱溶液中形成二氯卡宾，见式(5－1)，它是一个缺电子的亲电试剂，其与酚的负离子(Ⅱ)发生亲电取代形成中间体(Ⅲ)；(Ⅲ)从溶剂或反应体系中获得一个质子，同时羰基的α－氢离开形成(Ⅳ)或(Ⅴ)；(Ⅴ)经水解得到醛，见式(5－2)。

$$CHCl_3 + OH^- \xrightarrow{-H_2O} {}^-CCl_3 \xrightarrow{-Cl^-} :CCl_2 \qquad (5-1)$$

二氯卡宾

OH NaOH [O^- ⟷ O H −] :CCl_2 O H $\bar{C}Cl_2$ ⟶

（Ⅰ）（Ⅱ）（Ⅲ）

(5-2)

[O $CHCl_2$ − ⟷ O^- $CHCl_2$] H_2O O^- CHO H^+ OH CHO

（Ⅳ）（Ⅴ）

三、仪器与试剂

(1)仪器:电动搅拌器、温度计、球形冷凝管、滴液漏斗、恒压滴液漏斗、分液漏斗、三口烧瓶(250 mL)、布氏漏斗、抽滤瓶。

(2)试剂:苯酚、氯仿、氢氧化钠、三乙胺、亚硫酸氢钠、乙酸乙酯、盐酸、硫酸、无水硫酸镁。

四、实验步骤

在装有搅拌、温度计、回流冷凝管及滴液漏斗的250 mL三口瓶中,加入30 mL水,20 g氢氧化钠。当其完全溶解后,降至室温,搅拌下加入10 g苯酚(溶解于10 mL水中),完全溶解后加入0.16 mL(3～6滴)三乙胺,水浴加热至50 ℃时,在强烈搅拌下,于30 min内缓缓滴加15 mL氯仿。滴完后,继续搅拌回流1 h,此时反应瓶内物料渐由红色变为棕色,并伴有悬浮着的黄色水杨醛钠盐。

回流完毕,将反应液冷至室温,以1∶1盐酸酸化反应液至pH值＝2～3,静置,分出有机层,水层以乙酸乙酯萃取之,合并有机层,常压蒸除溶剂后,残留物水汽蒸馏至无油珠滴出为止,分出油层,水层以乙酸乙酯萃取三次,将油层合并后,加20 mL饱和亚硫酸氢钠溶液。大力振摇后,滤出水杨醛与亚硫酸氢钠的加成物,用10%硫酸于热水浴上分解加成物,分出油层,以无水硫酸镁干燥,吸滤后,将滤液常压蒸馏,收集195 ℃～197 ℃馏份即得淡黄色水杨醛产品,测体积计算产率。

五、注意事项

(1)100 ℃附近有一定蒸气压,一般不低于667 Pa,若低于此值而又必须进行水蒸气蒸馏时,应采用过热水蒸气。

(2)水蒸气蒸馏分离纯化化合物必须不溶或者难溶于水,且与沸水或水蒸气长时间共存不发生化学反应。

六、思考题

(1)如何将水杨醛与苯酚分离?

(2)实验中三乙胺有何作用?

(3)如何分离邻位和对位水杨醛?

实验 6　富马酸二甲酯的合成

一、实验目的和要求

(1)了解一种低毒,高效的食品防腐剂的合成方法。

(2)复习并掌握固体物质熔点的测定方法。

二、实验原理

富马酸二甲酯简称 DMF,是一种很有发展前途的食品防腐剂。它具有低毒、高效以及广谱抗菌的特点,其应用 pH 值范围较广(为 3～8),可在酸性或中性条件下使用,能抑制 30 多种霉菌,是一种具有高效、低毒、广谱杀菌,且成本低、价格便宜的防腐防霉剂,广泛用于纺织品、食品、粮食、饲料、烟草、化妆品、药材、果蔬、音像制品等需防腐防霉及保鲜作用的领域。

DMF 可先由糠醛氧化公式(6 - 1)制得富马酸或由马来酸酐水解公式(6 - 2),在浓盐酸中异构化制得富马酸,然后再与甲醇进行酯化而得。

$$\text{(furan-2-yl)}\!-\!\mathrm{CHO} \xrightarrow{\mathrm{NaClO_3,\ V_2O_3}} \begin{array}{c} \mathrm{HC-COOH} \\ \| \\ \mathrm{HOOC-CH} \end{array} \tag{6-1}$$

$$\begin{array}{c} \mathrm{HC-C(=O)} \\ \| \qquad\quad \mathrm{O} \\ \mathrm{HC-C(=O)} \end{array} \xrightarrow{\mathrm{H_2O}} \begin{array}{c} \mathrm{HC-COOH} \\ \| \\ \mathrm{HC-COOH} \end{array} \xrightarrow{\mathrm{HCl}} \begin{array}{c} \mathrm{HC-COOH} \\ \| \\ \mathrm{HOOC-CH} \end{array} \tag{6-2}$$

本实验根据公式 6 - 2,首先制备富马酸,再与甲醇进行酯化得到富马酸二甲酯,具体反应见公式 6 - 3。

$$\begin{array}{c} \mathrm{HC-COOH} \\ \| \\ \mathrm{HOOC-CH} \end{array} + 2\mathrm{CH_3OH} \xrightarrow{\mathrm{H_2SO_4}} \begin{array}{c} \mathrm{HC-COOCH_3} \\ \| \\ \mathrm{H_3COOC-CH} \end{array} \tag{6-3}$$

此种方法操作简便,原料易得,反应条件易掌握,成本低,收率高,满足工业化生产的要求。

三、仪器与试剂

(1)仪器:四颈瓶(250 mL)、球型冷凝管、恒压滴液漏斗、温度计、量筒、天平、抽滤瓶、布氏漏斗、直型冷凝管、水环真空泵、恒温磁力搅拌器、b 形管、熔点毛细管、酒精灯、温度计。

(2)试剂:马来酸酐、浓盐酸、甲醇、浓硫酸、乙醇、碳酸氢钠。

四、实验步骤

1. 马来酸酐水解为马来酸再转化成富马酸

在装有回流冷凝管及恒温磁力搅拌器的 250 mL 四颈瓶中，加入 9.8 g 马来酸酐和 15 mL 水，加热至 50 ℃～55 ℃，使马来酸酐完全溶解，保温 5 min，再逐渐升温至 78 ℃，保持 10 min，然后用恒压滴液漏斗分 4 次慢慢滴入 20 mL 浓盐酸，在 80 ℃～90 ℃保温 30 min，反应过程中有富马酸从热溶液中结晶析出，反应完全后冷却，抽滤得富马酸。

2. 富马酸二甲酯的制备

将上述得到的富马酸及 30 mL 甲醇加入上述反应器，使反应温度逐渐升至 78 ℃，保温 10～15 min，然后将 0.6 mL 浓硫酸分次滴入反应器中，然后保温回流 3 h 左右，待反应完全后，蒸出大部分甲醇，趁热将反应产物倒入盛有 50 mL 冷水的 100 mL 烧杯中，此时有大量固体析出，然后用 10% $NaHCO_3$ 中和未反应的 H^+，直到没有气泡产生为止，抽滤，用蒸馏水洗涤得粗产品。

3. 重结晶及测试

将上述得到的粗产品用 50 mL 乙醇重结晶，在重结晶过程中，需微热使其全部溶解，置冷处缓慢结晶，得富马酸二甲酯精品。如需更纯精品，将上述产品加热升华即得，称重、计算产率。将上述得到的白色鳞片状晶体——富马酸二甲酯用毛细管法测其熔点。

五、注意事项

(1)注意甲醇是易燃液体，禁止使用明火。

(2)甲醇有毒，操作时应予以注意，切勿溅入眼睛和口腔。

(3)浓硫酸必须缓慢加入，并进行搅拌，避免局部过热。

六、思考题

(1)有关文献给出 DMF 的熔点是 103 ℃～104 ℃。与你所测的熔点相比较，如有出入，请分析其原因。

(2)酯化反应中的催化剂除了硫酸还可以用什么？

实验 7　电化学方法制备碘仿

一、实验目的

(1)掌握有机化合物中的电化学合成方法。

(2)了解用电解氧化法制备有机化合物的特点及应用。

(3)熟练掌握不同形态有机物的分离提纯方法及纯度鉴定方法。

二、实验原理

碘仿又叫三碘甲烷,化学式为 CHI_3,碘仿为黄色六角形结晶,熔点 119 ℃,遇高温分解而析出碘;不溶于水,能溶于醇、醚、醋酸、氯仿等有机溶剂,外科用作消毒剂和防腐剂。

在电化学反应中,物质的分子或离子与电极间发生电子的转移,在电极表面生成新的分子或活性中间体,再进一步反应生成产物。电化学方法制备碘仿是在碘化钾水溶液中,碘离子在阳极被氧化而成碘,生成的碘在碱性介质中变成次碘酸根离子,再与溶液中的丙酮(或乙醇)作用合成碘仿,反应如下

$$2I^- - 2e \longrightarrow I_2$$

$$I_2 + 2OH^- \longrightarrow IO^- + H_2O + I^-$$

$$\text{丙酮}\ CH_3COCH_3 + 3IO^- \longrightarrow CHI_3 + CH_3COO^- + 2OH^-$$

$$\text{乙醇}\ CH_3CH_2OH + 5IO^- \longrightarrow CHI_3 + H_2O + 2I^- + HCO_3^- + 2OH^-$$

在这个制备试验中,往往还有副反应发生,如:

$$3IO^- \longrightarrow IO_3^- + 2I^-$$

每生成 1 mol IO_3^- 就消耗了 6 mol 电子,因此,在制备碘仿时,实际通过的电量要大于前面计算的数值。我们把按反应式需要的电量与实际通过的电量的比值称为电流效率。

采用适当的电极材料和反应条件(电解电位、电流密度、电解液的成分、浓度和温度等)以及合理的电解池结构,可以提高电流效率和降低电解池的压降,从而降低电能消耗和改进产品的质量。

三、仪器与试剂

(1)仪器:可调直流稳压电源(0～12 V,0～2 A),铂电极(3 cm×2 cm),滑线变阻器,高脚烧杯和电解池,布氏漏斗,短颈漏斗,磁力搅拌器,双孔水浴锅,热滤漏斗,熔点测定仪。

(2)试剂:碘化钾,丙酮,95%乙醇。

四、实验步骤

1. 实验装置

如图 7-1 所示,用高脚烧杯作电解槽,把电解槽置于冰水浴中,电极均为铂片(3 cm×2 cm),

两个铂片间的距离约为 3 mm，事先将其加以固定，以防止在搅拌时电极变形或短路；可调直流电源通过一换相开关接至电极；用磁力搅拌器搅拌。

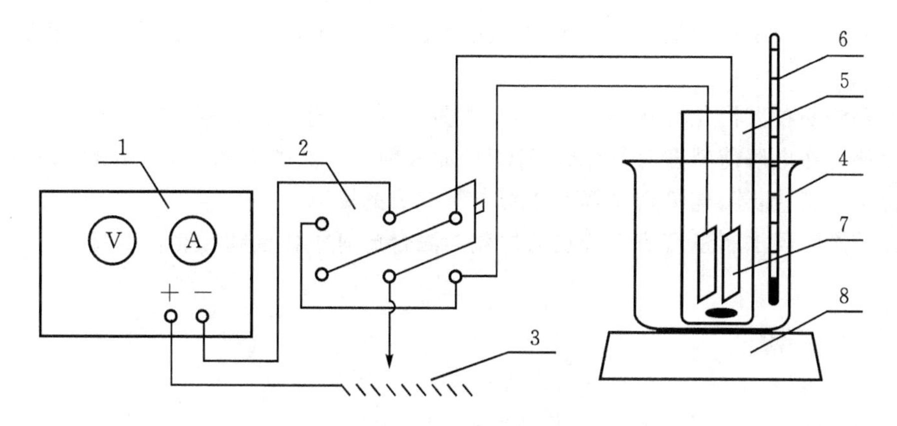

图 7-1　实验装置图

1—可调直流稳压电源（0～100 V，0～5 A）；2—换相开关；3—滑线电阻；4—冰水浴；5—高脚烧杯和电解槽；6—温度计；7—铂电极；8—磁力搅拌器

2. 电解

向电解槽中加入 100 mL 水，在搅拌下加入 6 g 碘化钾，待固体溶解后，再加入 1 mL 丙酮，混合均匀后测 pH 值并记录。装好电极，接通电源，将电流调到 1 A 开始电解，记下电解开始的时间，1 min 后再测 pH 值并做记录，继续电解 30 min，即可切断电源，停止电解。

3. 电解液的后处理

电解结束后，对电解液做后处理，这一操作与通常的有机合成实验相比并没有多大的差别，但是，在电解反应中通常使用为基质数 10 倍以上量的支持电解质。因此，支持电解质的除去，分离是必要的，在这点上要特别注意的是，必须对支持电解质进行合理且高效的回收及再使用。本实验要回收没有电解完的碘化钾和丙酮溶液，所以要对电解液用布氏漏斗抽滤，用漏斗下面的滤液冲洗黏附在电极和电解槽中的碘仿，然后先回收滤液，接着用去离子水淋洗布氏漏斗中的碘仿固体。在室温下干燥后称量，利用所得的产品量来计算电流效率。

4. 产品的提纯

用结晶法提纯固体碘仿。步骤如下：

溶解固体碘仿 —(用最少量的热乙醇溶液 / 加热至沸以达到饱和)→ 过滤 —(最好用热滤漏斗，即用短颈漏斗 / 使用槽纹滤液防止在漏斗颈中结晶)→ 结晶 —(用细口锥形瓶接收滤液 / 让其慢慢冷却，析出晶体)→ 晶体与母液分离 —(用布氏漏斗 / 使杂质从母液中分离)→ 晶体干燥 —(将晶体收集到表面皿中，在空气或较低温度的烘箱中干燥，严防分解)→ 称量 ⟶ 记下所得纯品的产量

5. 产品纯度的检查

采用毛细管熔点测定法测定所制备样品的熔点，并与标准值对比，初步判断化合物的纯度。

五、思考题

(1)以方程式表示每个电击上发生的反应和生成碘仿的反应,说明此反应是阳极过程还是阴极过程。

(2)电解法制备有机化合物,电极材料至关重要,如何选择电极材料?

(3)你认为在电解前就把氢氧化钾(KOH)加入到电解液中有无意义?试做出解释。

(4)讨论温度、搅拌、电流密度等因素对电解合成的影响。

(5)比较用电解法制备有机化合物与用化学法合成有机化合物各有什么特点。

实验 8　有机玻璃的合成

一、实验目的

(1)掌握有机玻璃合成的原理及方法。

(2)学习由热敏引发剂引发的聚合反应的机理。

(3)初步了解增塑剂的作用。

二、实验原理

聚甲基丙烯酸甲酯(polymethyl methacrylate,简称 PMMA),俗称有机玻璃,是指甲基丙烯酸甲酯通过本体聚合方法制备的板材、棒材、管材及其制品。聚甲基丙烯酸甲酯由于其结构中具有庞大的侧基,所以不易结晶,为无定形固体。它的最突出的性能是具有很高的透明度,透光率可达 92% 。另外,它的密度小,耐冲击强度高,低温性能优异,因此是光学仪器制造工业和航空工业的重要原材料。有机玻璃又由于其着色后色彩五光十色,鲜艳夺目,故被广泛用作装饰材料和日用制品。

α-甲基丙烯酸甲酯在一定条件下引发聚合,生成无色透明的固态聚合物,该反应属于自由基引发的聚合反应。所用的引发剂为某种可以分解产生自由基的化合物,有光敏引发剂(受光照分解产生自由基)和热敏引发剂(受热分解产生自由基)之分。本实验所用的过氧化二苯甲酰属于后者,它受热均裂产生两个苯甲酰基自由基,进而转化为两个苯基自由基并放出二氧化碳,并由此引发重键的聚合。反应式为

$$C_6H_5-\overset{\overset{\displaystyle O}{\|}}{C}-O-O-\overset{\overset{\displaystyle O}{\|}}{C}-C_6H_5 \xrightarrow{60℃\sim80℃} 2C_6H_5-\overset{\overset{\displaystyle O}{\|}}{C}-O \longrightarrow 2C_6H_5+2CO_2$$

反应中还加入了适量的邻-苯二甲酸二丁酯作为增塑剂,增塑剂的作用在于改善聚合物的机械性能以利于成品的加工和使用。一般认为,高聚物的大分子链由于相互强烈吸引而紧密地凝聚在一起,宏观上表现为刚性,难于加工。若聚合前加入增塑剂,则增塑剂的极性部分受大分子链中的极性部分吸引而使之留在聚合物中。其非极性部分则支撑于大分子链间,使大分子链间的距离增大,吸引力削弱,增强了大分子链的可移动性,从而使聚合物表现出一定的弹性和柔韧性,也较易于加工。

制备有机玻璃一般采用本体聚合。所谓本体聚合是指在不加溶剂或稀释剂的情况下,直接由单体进行的聚合反应。其主要优点是产品纯度高,有较好的光学和电学性能,且可直接聚合成所需的形状。聚合的关键性技术问题是散热问题。反应初期,体系黏度不大,散热尚不困难。随着反应的进行,聚合度增加,黏度加大,反应热不易散发,反应就会自动加速,极易造成局部过热而产生气泡,变色甚至暴聚。所以工业上常采用分级升温聚合的方法来解决散热问题。在微型的实验条件下,反应生成热不多,散热问题并不难解决。

三、仪器与试剂

(1)仪器:小试管、移液管、注射器(或取液器)、Eppendorf 管(尖底带盖离心管)、恒温水槽。

(2)试剂:过氧化二苯甲酰、α-甲基丙烯酸甲酯、邻-苯二甲酸二丁酯。

四、实验步骤

在一只洁净干燥的小试管中称取过氧化二苯甲酰 10 mg,用移液管移入 α-甲基丙烯酸甲酯 0.3 mL;用注射器或取液器注入邻-苯二甲酸二丁酯 36 μL,充分振荡试管使过氧化二苯甲酰完全溶解。小心地将所得溶液注入一支小号的 Eppendorf 管中,盖好盖子。将 Eppendorf 管放入 80 ℃恒温水浴中恒温反应 50～60 min。取出 Eppendorf 管,放冷(也可丢入冷水浴中冷却),用剪刀剪去管的尖底,用一根坚硬的金属丝插入剪口将制成品推出,得一锥状的有机玻璃锭。

五、注意事项

(1)如无恒温水浴,也可用普通的烧杯水浴,维持大体同样的温度和时间。

(2)本实验所用过氧化物类引发剂受到撞击、强烈研磨时,极易燃烧、爆炸。因此取用时用量要少,盛引发剂的容器要轻拿、轻放,取用时洒落的引发剂,要及时收拾干净。

六、思考题

(1)本体聚合与其他聚合方式比较有何特点?

(2)制品中的“气泡”、“裂纹”等是如何产生的?如何防止?

(3)邻苯二甲酸二丁酯(DBP)在这个过程中起到什么作用?

实验9 Pd催化的Suzuki偶联反应合成芳香族多羧酸配体

一、实验目的

(1)掌握Suzuki偶联反应的基本原理。

(2)掌握旋转蒸发仪等实验设备的使用方法。

(3)掌握有机合成实验当中应该了解的常见问题和注意事项。

二、实验原理

偶联反应,是由两个有机化学单位进行某种化学反应而得到一个有机分子的过程。这里的化学反应包括格氏试剂与亲电体的反应,锂试剂与亲电体的反应,芳环上的亲电和亲核反应,还有钠存在下的Wutz(伍尔兹)反应。

狭义的偶联反应是涉及有机金属催化剂的C—C键生成反应。根据类型的不同,又可分为交叉偶联和自身偶联反应。

偶联反应时,反应介质的酸碱性是很重要的因素。一般重氮盐与酚类的偶联反应,是在弱碱性介质中进行的。在此条件下,酚形成苯氧负离子,使芳环电子云密度增加,有利于偶联反应的进行。重氮盐与芳胺的偶联反应,是在中性或弱酸性介质中进行的。在此条件下,芳胺以游离胺形式存在,使芳环电子云密度增加,有利于偶联反应进行。如果溶液酸性过强,胺变成了铵盐,使芳环电子云密度降低,将不利于偶联反应。如果从重氮盐的性质来看,强碱性介质会使重氮盐转变成不能进行偶联反应的其它化合物。Suzuki偶联反应通式如下

$$R_1-BY_2+R_2X\xrightarrow{\text{催化剂,碱}}R_1-R_2$$

其中,R_1——一般是芳基、烯基、烷基;

Y——一般是羟基、烷氧基;

R_2——一般是芳基、烯基、炔基、苄基、烯丙基、烷基;

X——一般是Cl、Br、I等。

反应机理如图9-1所示。首先卤代烃2与零价钯进行氧化加成,与碱作用生成强亲电性的有机钯中间体4。同时,芳基硼酸与碱作用生成酸根型配合物四价硼酸盐中间体6,具亲核性,与4作用生成8。最后8经还原消除,得到目标产物9以及催化剂1。氧化加成一步,用乙烯基卤反应时生成构型保持的产物,但用烯丙基和苄基卤反应则生成构型翻转的产物。这一步首先生成的是顺式的钯配合物,而后立即转变为反式的异构体。还原消除得到的是构型保持的产物。

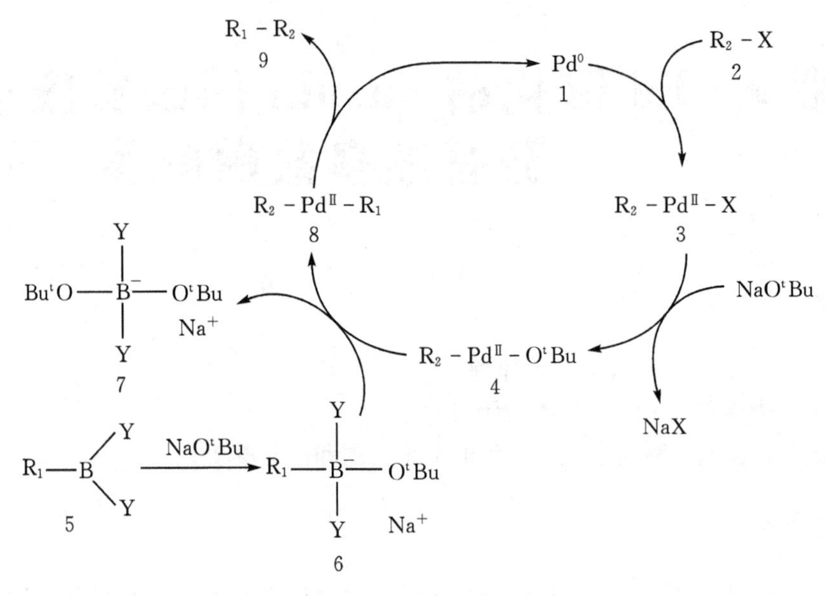

图 9-1　Suzuki 偶联反应机理图

三、仪器与试剂

(1)仪器:旋转蒸发仪、集热恒温加热磁力搅拌器、循环水式多用真空泵、电子天平、电热恒温鼓风干燥器等。

(2)试剂:3,5-二甲基苯硼酸、6,2-二溴吡啶、四正丁基溴化铵、甲苯、无水乙醇、吡啶、高锰酸钾、浓盐酸等。

四、实验步骤

1. 合成路线

以“3,5-二(3,5-二间苯甲基)吡啶的制备”为实验模板,制备芳香族多羧酸配体,合成过程示意图见图 9-2。

2. 3,5-二(3,5-二间苯甲基)吡啶的制备

以 3,5-二甲基苯硼酸和 2,5-二溴吡啶喂为反应底物,得到的产物用吡啶和水做溶剂用高锰酸钾进行氧化得到相应的吡啶盐,最后再用浓盐酸进行酸化得到对应的多羧酸配体。

如图 9-2 第一步所示。向 250 mL 的三口瓶中加入 2,6-二溴吡啶(3 g,0.1 mol)和 3,5-二甲基苯硼酸(3.97 g,0.0136 mol)溶解在甲苯(9 mL)、乙醇(6 mL)、水(18 mL)的混合溶剂中,进一步加入四正丁基溴化铵、无水碳酸钾和钯催化剂并搅拌加热至 72 ℃,进行回流,回流 2 h 后,取样点硅胶板观察反应是否完成。

反应完全后,将反应液倒入分液漏斗中加入 12 mL 的甲苯进行提取,分别收集水相和有机相,再将水相用 10 mL 的甲苯进行提取,合并有机相。用水洗有机相直至洗出的水成中性,有机相在 50～60 ℃下进行旋转蒸发浓缩,最后得到乳白色的固体。

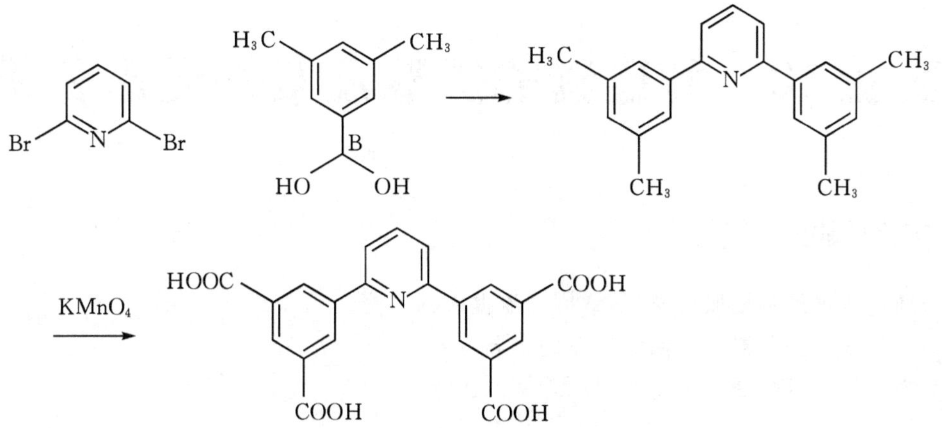

图 9-2 芳香族多羧酸配体合成图

3. 3,5-二(3,5-二间苯甲基)吡啶的氧化

将第一步得到的产物作为原料,取第一步的产物 3.2 g,加入到吡啶和水分别为 100 mL,100 mL 的混合溶剂中,高锰酸钾共加入 35.5 g,高锰酸钾分 5 批加入,每次加入后反应等高锰酸钾紫色退去取降温至 50 ℃~55 ℃后再加入第二批高锰酸钾直到高锰酸钾全部加入,褪色后取样看反应是否完全,如果不完全继续加入高锰酸钾直到反应完全。

反应后将产物抽滤得到滤液澄清,收集滤液,旋蒸干,加 100 mL 水,然后加入浓盐酸,调节 pH 值至 3.5 左右,得到乳白色的固体,加入 200 mL 水洗去酸化形成的吡啶盐。最后,进行抽滤得到白色固体,在 60 ℃下干燥 12 h。

五、注意事项

(1)本实验使用的甲苯、吡啶等有机溶剂有毒,注意自身保护。

(2)实验过程前后,注意强酸强碱的使用安全。

六、思考题

(1)为什么在合成过程中要使用三组分的溶剂?

(2)硅胶板点板的原理是什么?

实验 10　黄连素的提取及紫外光谱分析

一、实验目的

(1)通过从黄连中提取黄连素,掌握回流提取的方法。

(2)比较索氏提取器法与回流提取的优异点。

(3)学习从中草药提取生物碱的原理和方法。

二、实验原理

黄连为我国名产药材之一,抗菌力很强,对急性结膜炎、口疮、急性细菌性痢疾、急性肠胃炎等均有很好的疗效。黄连中含有多种生物碱,除黄连素(俗称小檗碱 Berberine)为主要有效成分外,尚含有黄连碱、甲基黄连碱、棕榈碱和非洲防己碱等。随野生和栽培及产地不同,黄连中黄连素的含量约 4%～10%。含黄连素的植物很多,如黄柏、三颗针、伏牛花、白屈菜、南天竹等均可作为提取黄连素的原料,但以黄连和黄柏中的含量为最高。

黄连素有抗菌、消炎、止泻的功效。对急性菌痢、急性肠炎、百日咳、猩红热等各种急性化脓性感染和各种急性外眼炎症都有效。

黄连素是黄色针状体,微溶于水和乙醇,较易溶于热水和热乙醇中,几乎不溶于乙醚。黄连素的结构式以较稳定的季铵碱为主。黄连素在自然界多以季铵碱的形式存在,其盐酸盐、氢碘酸盐、硫酸盐、硝酸盐均难溶于水,易溶于热水,且各种盐的纯化都比较容易。其结构如图 10－1 所示。

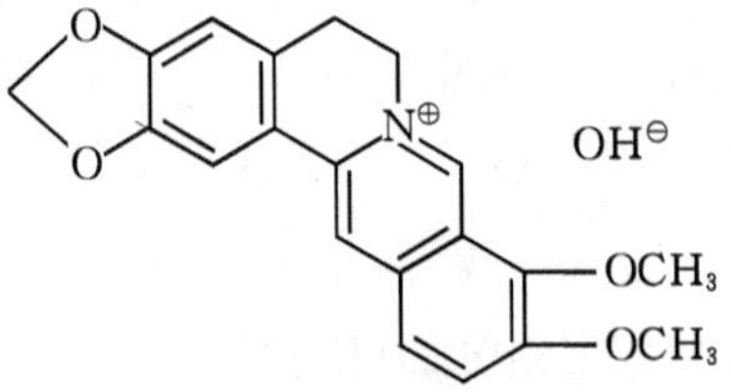

图 10－1　黄连素的季铵碱式

从黄连中提取黄连素,往往采用适当的溶剂(如乙醇、水、硫酸等)提取,然后浓缩,再加以酸进行酸化,得到相应的盐。粗产品可以采取重结晶等方法进一步提纯。

黄连素被硝酸等氧化剂氧化,转变为樱红色的氧化黄连素。黄连素在强碱中部分转化为醛式黄连素。在此条件下,再加几滴丙酮,即可发生缩合反应,生成丙酮与醛式黄连素缩合产物的黄色沉淀。

三、仪器与试剂

(1)仪器:索氏提取器、圆底烧瓶、克氏蒸馏头、冷凝管、接引管、锥形瓶、烧杯、抽滤装置、紫外-可见分光光度计。

(2)试剂：黄连、乙醇、1%醋酸、浓盐酸。

四、实验步骤

1. 黄连素的提取

称取10 g中药黄连切碎、磨烂，放入250 mL圆底烧瓶中，加入100 mL乙醇，装上回流冷凝管，回流装置如图10-2所示。热水浴加热回流0.5 h，冷却，静置，抽滤。滤渣重复上述操作处理两次，合并三次所得滤液，在水泵减压下蒸出乙醇(回收)，直到棕红色糖浆状。

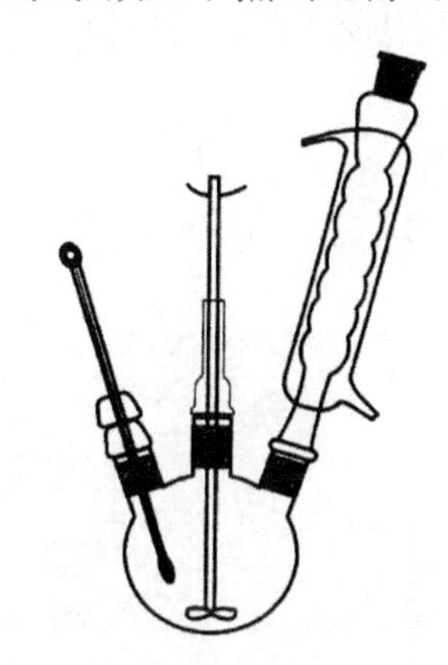

图10-2　回流提取黄连素的装置

2. 黄连素的纯化

加入1%醋酸(约30～40 mL)于糖浆状中。加热使其溶解，抽滤以除去不溶物，然后于溶液中滴加浓盐酸，至溶液混浊为止(约需10 mL)，放置冷却(最好用冰水冷却)，即有黄色针状体的黄连素盐酸盐析出(如晶体不好，可用水重结晶一次)。抽滤，结晶，用冰水洗涤两次，再用丙酮洗涤一次，加速干燥，烘干称量。产品待鉴定。

3. 产品检验

方法一：取盐酸黄连素少许，加浓硫酸2 mL，溶解后加几滴浓硝酸，即呈樱红色溶液。

方法二：取盐酸黄连素约50 mg，加蒸馏水5 mL，缓缓加热，溶解后加20%氢氧化钠溶液2滴，显橙色，冷却后过滤，滤液加丙酮4滴，即发生浑浊。放置后生成黄色的丙酮黄连素沉淀。

4. 紫外光谱分析

以蒸馏水做为参比溶液，测其紫外吸收光谱。根据紫外光谱的基本原理和黄连素的分子结构，分析黄连素紫外光谱图中各个吸收带是由哪种电子跃迁产生的什么吸收带。

五、注意事项

(1)黄连素的提取回流要充分。

(2)滴加浓盐酸前，不溶物要去除干净，否则影响产品的纯度。

(3)在测定样品的紫外吸收光谱之前,必须对空白样品(即纯溶剂)进行基线校正,以消除溶剂吸收紫外光的影响。用同一种溶剂连续测定若干个样品时,只需做一次基线校正。因为校正数据能自动保存在当前内存中,可供反复使用。

六、思考题

(1)黄连素为何种生物碱类的化合物?

(2)影响黄连素提取产率的因素有哪些?列举进一步提高产率的方法。

(3)紫外光谱适合于分析哪些类型的化合物?你合成过的化合物中哪几个能用紫外光谱分析,哪几个不能用紫外光谱分析,为什么?

实验11　茶叶中咖啡因的提取及红外光谱分析

一、实验目的

(1)掌握从茶叶中提取咖啡因的方法、索氏提取器的原理和操作。

(2)掌握利用升华方法纯化固体产物的原理和基本操作。

(3)掌握红外光谱分析法的基本原理。

(4)掌握用 KBr 压片法制备固体样品进行红外光谱测定的技术和方法。

二、实验原理

茶叶中含有多种黄嘌呤衍生物的生物碱,其主要成分为含量约占 1%～5%的咖啡因(Caffeine,又名咖啡碱),并含有少量茶碱和可可豆碱,以及 11%～12%的丹宁酸(又称鞣酸),还有约 0.6%的色素、纤维素和蛋白质等。

咖啡因的化学名为 1,3,7-三甲基—2,6-二氧嘌呤,其结构为

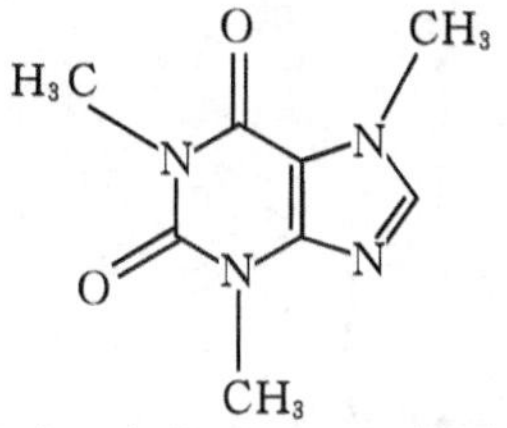

纯咖啡因为白色针状结晶体,无臭,味苦,置于空气中有风化性,易溶于水、乙醇、氯仿、丙酮、微溶于石油醚,难溶于苯和乙醚。它是弱碱性物质,水溶液对石蕊试纸呈中性反应。咖啡因在 100 ℃时失去结晶水并开始升华,120 ℃升华显著,178 ℃时很快升华。无水咖啡因的熔点为 238 ℃。咖啡因具有刺激心脏、兴奋大脑神经和利尿等作用,因此可单独作为有关药物的配方。咖啡因可由人工合成法或提取法获得。

本实验采用索氏提取法从茶叶中提取咖啡因。利用咖啡因易溶于乙醇,易升华等特点,以 95%乙醇作溶剂,通过索氏提取器(或回流)进行连续抽提,然后浓缩、焙炒而得粗制咖啡因,再通过升华提取得到纯的咖啡因。

红外吸收光谱是对有机化合物进行结构鉴定的重要方法之一,它主要能提供有机物中所含官能团等信息。在原子或分子中有多种振动形式,每一种简谐振动都对应一定的振动频率,但并不是每一种振动都会和红外辐射发生相互作用而产生红外吸收光谱,只有能引起分子偶极矩变化的振动(称为红外活动振动)才能产生红外吸收光谱。即当分子振动引起分子偶极矩变化时,就能形成稳定的交变电场,其频率与分子振动频率相同,可以和相同频率的红外辐射发生相互作用,使分子吸收红外辐射的能量跃迁到高能态,从而产生红外吸收光谱。

根据波长的不同,红外光谱可分为近红外,波长范围为 0.75～2.5 μm(波数为 13300～

4000 cm^{-1})；中红外，波长范围为 2.5～25 μm(波数为 4000～400 cm^{-1})；远红外，波长为 25～1000 μm(波数为 400～10 cm^{-1})。其中，中红外与分子内部的物理过程及结构关系最为密切，对于解决分子结构和化学组成中的各种问题最为有效，因而中红外区是红外光谱中应用最广泛的部分，常用于分子结构的研究和化学组成的分析。

测定红外光谱时，不同类型的样品须采用不同的制样方法。固态样品一般可采用压片法和糊状法制样。压片法是将样品与溴化钾粉末混合研磨细和匀后，压制成厚度约为 1 mm 的透明薄片；糊状法是将样品研磨成足够细的粉末，然后用液体石蜡或四氯化碳调成糊状，然后将糊状物薄薄地均匀涂布在溴化钾晶片上。由于石蜡或四氯化碳本身在红外光谱中有吸收，所以在解析谱图时要将它们产生的吸收峰扣除。

三、仪器与试剂

(1)仪器：索氏提取器、烧瓶、电热套、玻璃棒、蒸发皿、玻璃漏斗、接受管、锥形瓶、恒温水浴、冷凝管、温度计、蒸馏头、温度计套管、电子天平、红外光谱仪、玛瑙研钵、压片机。

(2)试剂：茶叶、95%乙醇、生石灰、溴化钾。

四、实验步骤

1. 实验装置

实验装置主要由索氏提取器、蒸馏装置和升华装置三部分组成，见图 11－1。

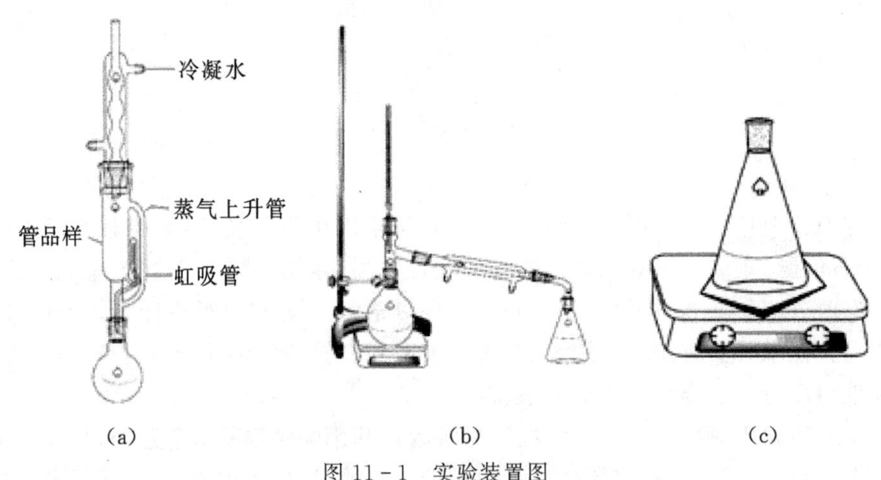

图 11－1　实验装置图

(a)索氏提取器；(b)蒸馏装置；(c)升华装置

2. 咖啡因的提取

称取 10 g 茶叶末，将茶叶装入滤纸套筒中，把套筒小心地插入索氏提取器中，取 100 mL 95%乙醇加入 250 mL 平底烧瓶中，再加入几粒沸石。水浴加热，连续提取 2.5 h 后，提取液颜色较淡后，待溶液刚刚虹吸流回烧瓶时，立即停止加热。

安装好蒸馏装置，水浴上进行蒸馏，蒸出大部分乙醇并回收乙醇。至提取液浓缩至 10 mL 时，停止蒸馏，趁热把浓缩液倒入蒸发皿中。加入 2 g 研细的生石灰粉及 2 粒沸石，使成糊状。蒸气浴加热，不断搅拌下蒸干，并压碎块状物。将蒸发皿放在石棉网上，压碎块状物，小火焙炒，除尽水分。冷却后，擦去沾在边上的粉末，以免在升华时污染产物。

在蒸发皿上盖一张刺有许多小孔且孔刺向上的滤纸，再在滤纸上罩一个大小适宜的玻璃漏斗，漏斗中塞一团棉花，把蒸发皿放在电热套上加热，小心加热升华。注意控制电热套的加热温度，如果温度太高，会使产物碳化。当滤纸上出现白色针状结晶时，适当控制加热温度，以降低升华速度；当电热套内温度达到 230 ℃，应立即停止加热（或发现有棕色烟雾时，应停止加热），冷至室温左右，小心揭开漏斗和滤纸，仔细地把附在纸上及器皿周围的咖啡因晶体用小刀刮下。如果残渣仍为绿色，可再次升华，直至残渣变为棕色为止。合并所得的咖啡因，称量。

3. 红外光谱分析

事先将溴化钾（光谱纯）在玛瑙研钵内充分磨细，由于研细的溴化钾极易吸潮，需在烘箱中于 110 ℃～150 ℃充分烘干，并置于含分子筛的干燥器内保存待用。室内相对湿度要低于 50%。压片前取出预先烘干的溴化钾细粉 100～200 mg，以 100∶1 的比例加入 1～2 mg 干燥试样，并在玛瑙研钵中充分混合磨细，然后放入红外干燥箱内烘干 5 min 左右，取出后方可装模压片。通常压力约为 25 MPa，持续时间约为 2 min，压片厚度约为 0.3～0.5 mm，呈半透明状。打开红外光谱仪，设置操作参数，背景扫描后，对样品进行光谱扫描，得到红外光谱图。

五、数据处理

(1)通过 Origin 软件来绘制样品的红外吸收光谱图。

(2)查阅咖啡因红外标准谱图，对待测样品进行初步判断分析。

(3)查阅相关资料，对待测样品的红外谱图进行人工解析。

①在官能团区（4000～1300 cm^{-1}）搜寻官能团的特征振动吸收峰；

②根据指纹区（1300～400 cm^{-1}）的吸收情况，进一步确认该基团的存在以及与其他基团的结合方式。

六、注意事项

(1)加入生石灰起中和作用以除去丹宁酸等酸性的物质。生石灰一定要研细。

(2)乙醇将要蒸干时，固体易溅出皿外，应注意防止着火。

(3)升华前，一定要将水分完全除去，否则在升华时漏斗内会出现水珠。若遇此情况，则用滤纸迅速擦干水珠并继续焙烧片刻而后升华，升华过程中必须严格控制加热温度。

(4)本实验如没有索氏提取器，也可用恒压滴液漏斗代替索氏提取器。

(5)红外实验环境应保持干燥。

(6)KBr 压片制备过程及其放入样品仓时的动作要迅速，尽量避免其在空气中过多时间暴露，以防吸湿而影响测量结果。

七、思考题

(1)索氏提取器的原理是什么？与直接用溶剂回流提取比较有何优点？

(2)升华前加入生石灰起什么作用？

(3)升华操作的原理是什么？

(4)化合物的红外光谱是怎样产生的？它能提供哪些重要的结构信息？

(5)使用红外光谱仪测试样品的红外光谱时为什么要先扫描背景？

实验 12 茶叶中茶多酚类物质的提取与含量测定

一、实验目的

(1)了解茶叶中茶多酚及茶多酚的组成及性质。
(2)掌握溶剂提取法提取茶多酚的原理及方法。
(3)掌握萃取法分离有机溶剂中的茶多酚的操作方法。
(4)掌握分光光度法测定茶多酚的基本原理。

二、实验原理

1.茶多酚总述

茶多酚(Tea Polyphenols)是从茶叶中提取的纯天然多酚类物质,又叫茶单宁、茶鞣质,是茶叶中多酚类物质的总称,包括黄烷醇类、花色苷类、黄酮类、黄酮醇类和酚酸类等。其主要成分为黄烷醇(儿茶素)类,占60%~80%。儿茶素类化合物主要包括儿茶素(EC,4%~6%)、没食子儿茶素(EGC,10%~15%)、儿茶素没食子酸酯(ECG,15%~20%)和没食子儿茶素没食子酸酯(EGCG,50%~60%)4种物质。茶多酚是介于淡黄色至茶褐色之间的无定型粉末,味涩,略有吸湿性,易溶于水,可溶于乙醇、甲醇、乙醚、丙酮、乙酸乙酯,微溶于油脂,不溶于氯仿及苯等有机溶剂。茶多酚具有较好的耐酸性,在pH值<7时较稳定,在pH值>7时则不稳定,且氧化变色加快,呈红色。茶多酚应储存于阴凉通风干燥环境中,并与有毒、有气味的物品隔离,避免直接与三价铁离子及碱性物质接触。

茶多酚具有多方面的功能,不仅是一种新型的天然抗氧化剂,且具有保鲜防腐,无毒副作用,食用安全,还具有明显的抗衰老、消除人体过剩的自由基,抑制肿瘤细胞等药理功能,有助于美容护肤,抗流感,增强免疫力,解烟毒等多种功效,所以在食品加工、医药、日用化工等领域具有重要的应用。

2.茶多酚提取工艺

茶多酚提取工艺效果较好的有有机溶剂萃取法、离子沉淀提取法、树脂吸附分离法、超临界二氧化碳萃取法、超声波浸提法、微波浸提法等等。有机溶剂萃取法是传统的提取工艺,是利用茶叶中不同化合物在不同溶剂中的溶解度不同进行提取分离。在粗茶叶萃取溶液中,除含有茶多酚以外,还含有咖啡碱、酯质、色素、植物多糖、有机酸、以及悬浮物,且茶多酚含量仅为25%~40%,所以大多数工艺用乙酸乙酯、氯仿等有机溶剂反复萃取的方法进一步除杂、纯化、精制。茶水用氯仿萃取可得到水层和有机层,咖啡碱存在于有机层,而茶多酚则存在于水层中,氯仿萃取出咖啡因,下层有机相即含有咖啡因,收集有机相。上层水相用乙酸乙酯萃取,将茶多酚萃取出来,收集上层有机相。减压蒸馏除去大部分有机溶剂,将体积浓缩至1/10。烘干后即得粗品。工艺流程图如下:

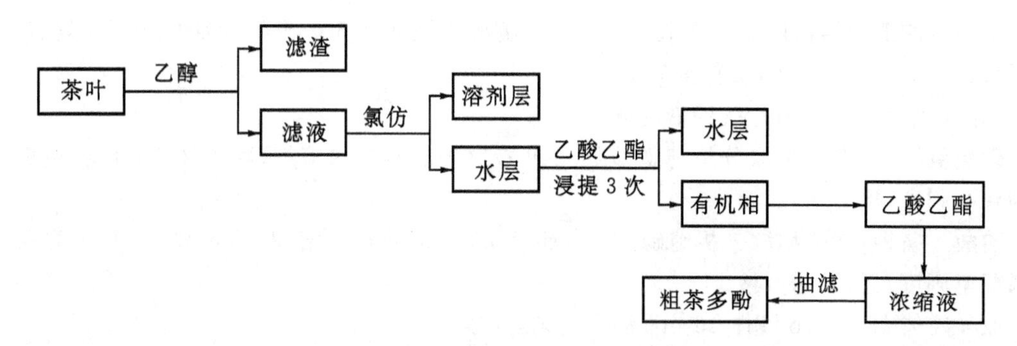

图12-1　茶多酚提取工艺流程图

3.茶多酚的定量测定方法

茶叶中的茶多酚类物质能与亚铁离子形成紫蓝色络合物，其颜色的深浅与茶多酚的含量成正比，因而可用分光光度计测定其含量。

三、仪器与试剂

(1)仪器：天平、分析天平、铁架台、抽滤装置、超级恒温水浴槽、长颈漏斗、分液漏斗、烧杯、可见分光光度计、真空干燥箱、pH计、容量瓶。

(2)试剂：茶叶、乙醇、氯仿、乙酸乙酯、硫酸钠、硫酸亚铁、酒石酸钾钠、磷酸氢二钠、磷酸二氢钾。

四、实验步骤

1.茶叶中茶多酚的提取

称取30 g干茶叶，放在100 mL小烧杯中，用量筒量取40 mL 50％乙醇水溶液，倒入小烧杯中，用玻璃棒轻轻搅拌，使干茶叶完全浸润在乙醇溶液中，将干茶叶和乙醇水溶液的混合液置于超级恒温(温度90 ℃)水浴槽中，加热20 min。将加热完毕的混合液取出，冷却到室温；用长颈漏斗对混合液进行过滤，滤除茶叶残渣，得到滤液。将茶叶滤液倒入分液漏斗中，再将氯仿倒入其中，然后倒入少量硫酸钠溶液，轻轻摇匀，使之混合充分，静置分层。上层应为茶多酚水溶液，呈茶色；下层为氯仿乙醇混合液，为无色。向上层茶多酚水溶液中加入乙酸乙酯，倒入分液漏斗中，再倒入少量硫酸钠溶液，轻轻摇匀，使之混合充分，静置分层。上层有机相为淡棕色，下层水相为咖啡色。从下口放出水相，再倒出上层的乙酸乙酯。下层返回分液漏斗中，再用等体积的乙酸乙酯萃取一次。合并两次的萃取液。将上面乙酸乙酯的萃取液装在圆底烧瓶中，用旋转蒸发器减压浓缩，除去有机溶剂，将浓缩液转移至干燥的蒸发皿中，水浴蒸干。茶多酚放入干燥器中干燥，得到茶多酚。

2.茶多酚含量的测定

(1)溶液配制。

①茶多酚标准溶液配制。准确称取250 mg提取的茶多酚，用蒸馏水溶解，移入250 mL容量瓶并稀释至刻度，摇匀，配制成1 mg·mL^{-1}的标准溶液。

②酒石酸亚铁溶液配制。准确称取 0.1 g 硫酸亚铁和 0.5 g 酒石酸钾钠，混合，蒸馏水溶解后移入 100 mL 容量瓶，稀释至刻度，摇匀。

③pH 值为 7.5 磷酸盐缓冲液配制。

磷酸氢二钠：准确称取分析纯磷酸氢二钠 2.969 g，蒸馏水溶解，移入 250 mL 容量瓶，加水稀释至刻度，摇匀，为 a 液。

磷酸二氢钾：准确称取分析纯磷酸二氢钾 2.2695 g，蒸馏水溶解，移入 250 mL 容量瓶，加水稀释至刻度，摇匀，为 b 液。

取 a 液体 85 mL，b 液体 15 mL 混合均匀，即成。

(2)标准曲线绘制。

分别吸取 0、0.25、0.50、0.75、1.0、1.25 mL 的茶多酚标准液于 25 mL 容量瓶中，加入蒸馏水 4 mL，再加入酒石酸亚铁溶液 5 mL，用 pH 值为 7.5 的磷酸盐缓冲溶液稀释至刻度，摇匀，以空白试剂作参比，于波长 540 nm 处测定吸光度 A，绘制出标准曲线。

(3)茶多酚含量测定。

①试液制备。准确称取磨碎的茶叶样品 1 g，加入沸水 80 mL，在沸水浴中浸提 30 min 后过滤、洗涤，滤液倒入 100 mL 容量瓶中，冷至室温，最后用蒸馏水定容至刻度，摇匀，备用。

②吸光度测定。吸取样品溶液 1 mL 于 25 mL 容量瓶中，依次加蒸馏水 4 mL，酒石酸铁溶液 5 mL，摇匀，再加入 pH 值＝7.5 的磷酸缓冲液稀释至刻度。以空白试剂作参比，于波长 540 nm 处测定吸光度 A。

③结果计算。根据所测的吸光度和标准曲线，计算出茶叶样品中茶多酚的含量。

五、数据处理

1.标准曲线的绘制

列表记录各项实验数据，以茶多酚浓度为横坐标，吸光度 A 为纵坐标，绘制标准曲线。

2.茶叶样品中茶多酚的含量测定

根据标准曲线的线性方程以及样品的吸光度，计算茶叶样品中茶多酚的含量。

六、注意事项

(1)萃取时要严格控制下层液的流速，太快有可能使上层液损失，使测得的百分含量偏低。

(2)浓缩完毕后，要及时称量，否则由于茶多酚具有吸湿性，会使测得的结果偏高。

(3)有机溶剂氯仿($CHCl_3$)有毒，操作时不太安全，应佩戴直接式防毒面具(半面罩)，戴防化学品手套。

七、思考题

(1)茶多酚的主要功能有哪些？

(2)pH 值对茶多酚的测定有没有影响？

(3)在茶多酚的提取过程中，加入硫酸钠，有什么作用？

实验 13　微波辅助水热合成微孔配位聚合物 MOF 材料

一、实验目的

(1)了解配位聚合物的定义、特点及其常用合成方法。

(2)了解微波合成的基本原理及其合成方法。

(3)学习多孔配位聚合物的活化方法。

(4)掌握等温吸附曲线的分析方法。

二、实验原理

配位聚合物通常是指金属离子和小分子配体通过自组装形成的具有高度规整的无限网络结构的配合物。在过去的几十年里,配位聚合物有各种表述,如金属有机骨架化合物(Metal-Organic Frameworks,MOF),无机-有机杂化材料(Hybrid Organic-Inorganic Materials)等。在这些表述中,使用较多的是金属有机骨架化合物。

多孔配位聚合物(多孔金属有机骨架化合物)通常是指由过渡金属离子或金属簇与有机配体利用分子组装和晶体工程的方法得到的具有单一尺寸和形状的空腔的配位聚合物。多孔配位聚合物与传统的多孔材料(如沸石分子筛)相比,具有结构可塑、孔隙率高、孔大小分布均匀等特点,在催化、分离、吸附、气体储存、光学材料等领域得到了广泛的应用。

多孔配位聚合物的合成方法有溶剂热法、电化学方法、水热合成法等。水热合成是一类处于常规溶液合成技术和固相合成技术之间的温度区域的反应,它是目前多数无机功能材料、特种组成与结构的无机化合物以及特种凝聚态材料的重要合成途径。近来被广泛用于合成各种各样的配位聚合物晶体材料。

微波辅助水热法是将传统的水热合成法与微波场结合起来,充分发挥了微波和水热法的优势。与传统的水热法相比,微波辅助水热法具有加热速度快,反应灵敏,受热体系均匀等特点。因此,微波辅助水热法在制备配位聚合物晶体材料方面具有巨大的潜在研究和应用价值。

三、仪器与试剂

(1)仪器:微波快速反应系统、比表面物理吸附仪、电子天平、真空干燥箱。

(2)试剂:对苯二甲酸、N,N-二甲基甲酰胺、N,N-二乙基甲酰胺、N-甲基吡咯烷酮、甲醇、乙醇、二氯甲烷、液氮、干冰、丙酮、硝酸锌。

四、实验步骤

1. 传统合成法

(1)称取 0.298 g 硝酸锌和 0.055 g 对苯二甲酸,加入到盛有 10 mL 无水 N,N-二乙基甲酰胺 25 mL 圆底烧瓶中，将混合物在 130 ℃下搅拌回流 4 h，然后自然冷却到室温，将所得产物用无水 N，N－二乙基甲酰胺洗涤，干燥后得白色产物。

（2）称取 0.298 g 硝酸锌和 0.055 g 对苯二甲酸，加入到盛有 10 mL N－甲基吡咯烷酮中的 15 mL 高压反应釜中，并在 115 ℃下保持 12 h，然后以 4 ℃/h 的速度降温到室温，将所得产物用干燥的 N－甲基吡咯烷酮洗涤，干燥。

2．微波合成法

（1）称取 0.298 g 硝酸锌和 0.055 g 对苯二甲酸，加入到盛有 10 mL N－甲基吡咯烷酮中的 50 mL 溶样杯中，剧烈搅拌直到反应液为澄清液。将溶样杯放入微波反应系统，控制加热温度为 105 ℃，保持 15 min，然后自然冷却到室温，产物用干燥的 N－甲基吡咯烷酮洗涤 2～3 次，真空干燥，计算产率。

（2）按照步骤（1）中的方法改变控温时间为 30 min，45 min，60 min。计算所得产物的产率。

（3）按照步骤（1）和（2）的方法改变控温温度分别为 120 ℃，130 ℃。重复试验，计算所得产物的产率。

3．样品的活化与吸附测试

（1）样品活化。取微波合成法步骤（1）中所得样品 90 mg 于 25 mL 烧杯中，向其中加入二氯甲烷，浸泡 24 h，将样品分别在常温和 100 ℃下真空处理 3 h，分别计算样品质量。

（2）吸附测试。准确称取活化后样品的质量，在液氮（77 K）温度下测试样品对 H_2、O_2、N_2 的吸附等温线，在 195 K 下测试样品对 CO_2、CH_4 的吸附等温线；在常温下测试样品对 H_2、O_2、N_2、CO_2、CH_4 气体以及甲醇、乙醇、二氯甲烷溶剂的吸附性能。

五、数据处理

（1）列表比较传统方法以及微波方法中不同温度、时间条件下，产物的产率、形状，尺寸等。

（2）根据不同温度下的吸附等温线分析样品对不同物质的吸附性能。

六、注意事项

（1）在使用微波反应系统时，要注意检查安全膜是否完好。

（2）微波反应完成后，须冷却到室温后，方可进行下一步操作。

（3）进行气体吸附测试时要注意安全，尤其是 H_2。

（4）使用真空干燥箱时，要注意检查干燥箱的密闭性。

七、思考题

（1）微波合成的优点是什么？是否所有溶剂都可用于微波快速反应系统中？

（2）为什么可以采用溶剂交换的方法来活化样品？怎样证明样品得到活化？

（3）怎样从吸附曲线判断样品的孔属性？

（4）为什么要用干燥溶剂洗涤产物，能否用水洗涤？

实验14 邻羟基酮乙酮苯甲酰腙过渡金属配合物的水热合成

一、实验目的

(1)了解酰腙化合物的合成方法及配位的基本原理。

(2)学习回流、酸化、蒸馏、萃取、水热合成的基本操作。

(3)了解体式显微镜的使用方法。

二、实验原理

酰腙类化合物是一种非常重要的Schiff碱。酰腙化合物是酰肼与醛或酮发生的一种缩合反应。实际上是通过亲核加成、重排、再消除反应失水等步骤组成。其间,反应物立体结构及电子效应起着重要作用。该类反应通常可以用以下示意式表示:

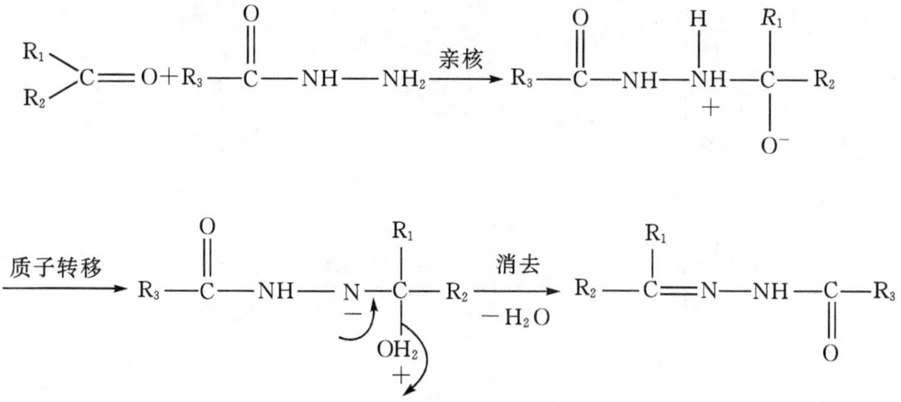

$$R_1R_2C{=}O + R_3{-}\overset{\overset{\displaystyle O}{\|}}{C}{-}NH{-}NH_2 \xrightarrow{\text{亲核}} R_3{-}\overset{\overset{\displaystyle O}{\|}}{C}{-}NH{-}\overset{H}{\underset{+}{N}}H{-}\overset{R_1}{\underset{O^-}{C}}{-}R_2$$

$$\xrightarrow{\text{质子转移}} R_3{-}\overset{\overset{\displaystyle O}{\|}}{C}{-}NH{-}\underset{-}{N}{-}\overset{R_1}{\underset{\overset{+}{OH_2}}{C}}{-}R_2 \xrightarrow[-H_2O]{\text{消去}} R_2{-}\overset{R_1}{C}{=}N{-}NH{-}\underset{\underset{\displaystyle O}{\|}}{C}{-}R_3$$

图 14-1 酰腙的反应机理

酰腙类化合物有非常强的配位能力,能够与过渡金属、稀土金属甚至是主族金属Ba,非金属如Si形成配合物。酰腙类化合物含有氧和氮等配位原子,能与许多金属形成结构特殊的酰腙配合物。这类配合物往往表现出优于配体的生物活性,具有独特的抗结核病菌、消炎、杀菌以及抗肿瘤等药理和生理活性,在配位化学发展过程中占据着重要地位。由于酰腙基团存在酮式和烯醇式,基团本身可以单齿和双齿配位,加上取代基的配位,此二者决定了酰腙类化合物必然有多种多样的配位形式。

在设计、合成酰腙类配合物应充分重视反应物的结构特征,以使合成此类化合物的反应有效进行。在实际的反应过程中,溶剂的选择、介质的酸碱性强弱、反应温度的高低等环境因素,均依赖于具体的反应体系而变化。因此,了解酰腙缩合反应机理及其影响因素,对于酰腙类化合物的设计、合成、性质的研究以及应用价值的开发具有重要意义。

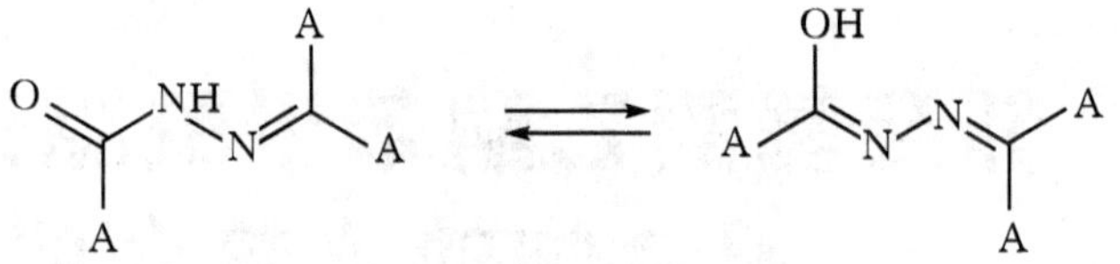

图 14-2　酰腙酮式和烯醇式的相互转化

三、仪器与试剂

(1)仪器:三口烧瓶、球形冷凝管、恒压滴液漏斗、布氏漏斗、抽滤瓶、旋转蒸发仪、恒温磁力搅拌器、水热反应釜、自动程控烘箱、体式显微镜。

(2)试剂:苯甲酸、无水乙醇、浓硫酸、无水碳酸钠、乙酸乙酯、无水硫酸镁、80%水合肼、邻羟基苯乙酮、过渡金属、吡啶、甲醇。

四、实验步骤

1.合成路线

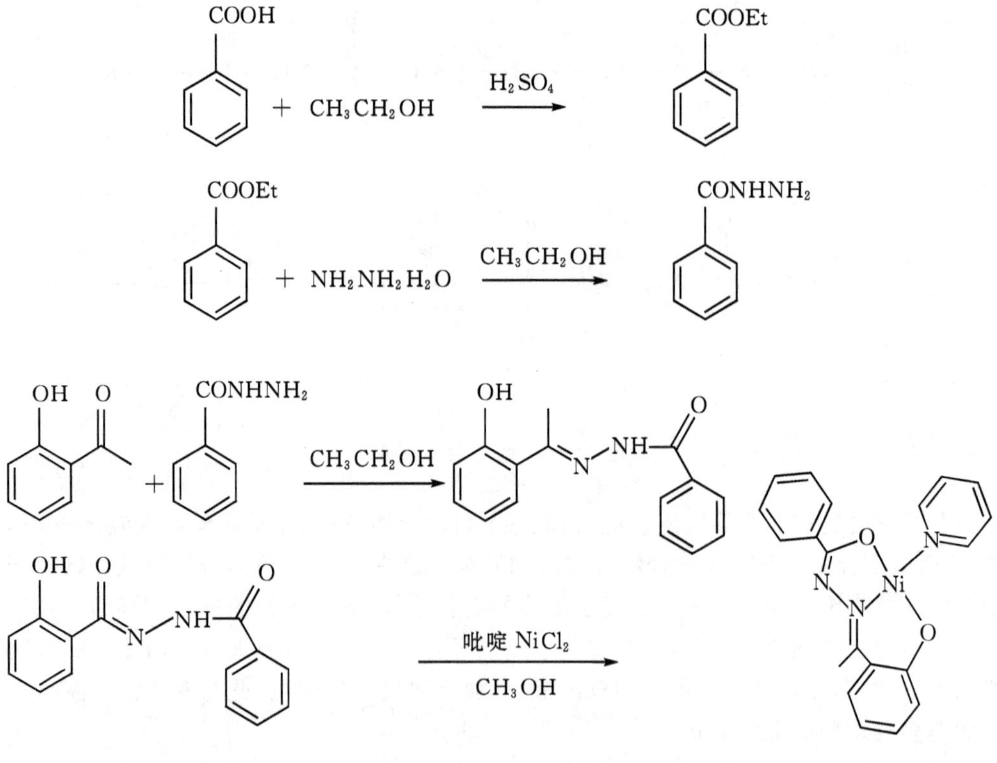

2.苯甲酸乙酯的合成

取苯甲酸 12.22 g(0.1 mol)与 50 mL 无水乙醇放在 250 mL 的三口烧瓶中。油浴加热到 90 ℃,用球形冷凝管冷凝回流,用恒压滴液漏斗滴定 10 mL 浓硫酸(每滴/秒,滴完后取下恒压滴液漏斗，塞上空心塞），恒温反应 6 h。待反应完毕后，用旋转蒸发仪减压蒸出过量乙醇，饱和碳酸钠溶液调 pH 值至中性，30 mL 乙酸乙酯萃取分液，无水硫酸镁干燥，过滤，蒸去乙酸乙酯，得到无色的液体苯甲酸乙酯。计算产率。

3. 苯甲酰肼的合成

苯甲酸乙酯 13.63 g(0.091 mol)与 80%水合肼按物质的量 1∶1.3 在油浴中加热 90 ℃，放入 15 mL 无水乙醇作溶剂。恒温回流反应 10 h。冷却到室温，放置在冰箱中冷凝 2～3 h。取出减压抽滤（布氏漏斗要放两层滤），用冰无水乙醇重结晶，抽滤，得到白色粉末状晶体苯甲酰肼。计算产率。

4. 邻羟基苯乙酮苯甲酰腙

取苯甲酰肼 3.128 g(0.023 mol)与邻羟基苯乙酮 3.131 g(0.023 mol)加入 250 mL 的三口烧瓶中，无水乙醇做溶剂，在 90 ℃回流反应 10 h 后，取出冷却到室温，然后放冰箱里使其有固体析出，抽滤，实际得到白色粉末状邻羟基苯乙酮苯甲酰腙。计算产率。

5. 晶体的培养

将 0.1 mmol 的过渡金属、0.1 mmol 的邻羟基酮乙酮苯甲酰腙、0.1 mmol 的吡啶、10 mL 甲醇溶液和 5 mL 水（调其 pH 值=7～8）封入 25 mL 带聚四氟乙烯内衬的不锈钢反应釜内，于 140 ℃晶化 72 h，然后以 5 ℃·h^{-1}的控温速率降至室温，得到透明状晶体。

6. 使用显微镜观测晶体

(1)显微镜的取送。右手握镜臂；左手托镜座；置于胸前。

(2)显微镜的旋转。镜筒朝前，镜臂朝后；置于观察者座位前的桌子上，偏向身体左侧，便于左眼向目镜内观察；置于桌子内侧，距桌沿 5 cm 左右。

(3)对光。转动粗准焦螺旋，使镜筒徐徐上升，然后转动转换器，使低倍物镜对准通光孔；用手指转动遮光器（或片状光圈），使最大光圈对准通光孔，左眼向目镜内注视，同时转动反光镜，使其朝向光源，使视野内亮度均匀合适。

(4)低倍物镜的使用。用手转动粗准焦螺旋，使镜筒徐徐下降，同时两眼从侧面注视物镜镜头，当物镜镜头与载物台的玻片相距 2～3 mm 时停止。用左眼向目镜内注视（注意右眼应该同时睁着），并转动粗准焦螺旋，使镜筒徐徐上升，直到看清物象为止。如果不清楚，可调节细准焦螺旋，至清楚为止。

(5)高倍物镜的使用。使用高倍物镜之前，必须先用低倍物镜找到观察的物象，并调到视野的正中央，然后转动转换器再换高倍镜。换用高倍镜后，视野内亮度变暗，因此一般选用较大的光圈并使用反光镜的凹面，然后调节细准焦螺旋。观看的物体数目变少，但是体积变大。

(6)反光镜的使用。反光镜通常与遮光器（或光圈）配合使用，以调节视野内的亮度。反光镜有平面和凹面。对光时，如果视野光线太强，则使用反光镜的平面，如果光线仍旧太强，则同时使用较小的光圈；反之，如果视野内光线较弱，则使用较大的光圈或使用反光镜的凹面。

五、注意事项

(1)在滴加浓硫酸的过程中，用恒压滴定管控制滴加速度为每秒一滴，目的是防止溶液局部碳化。

(2)为了提高产率,必须严格按照每一步的合成步骤。

(3)注意旋转蒸发仪、自动程控烘箱、体视显微镜的操作步骤和使用方法。

六、思考题

(1)酰脲的反应机理是什么?

(2)酰脲缩合反应的影响因素有哪些?

实验 15　二氯二茂钛的合成及其钛、氯含量的测定

一、实验目的

(1)了解二氯二茂钛的性质及制备方法。

(2)掌握测定二氯二茂钛中钛、氯含量的方法。

二、实验原理

1. 二氯二茂钛

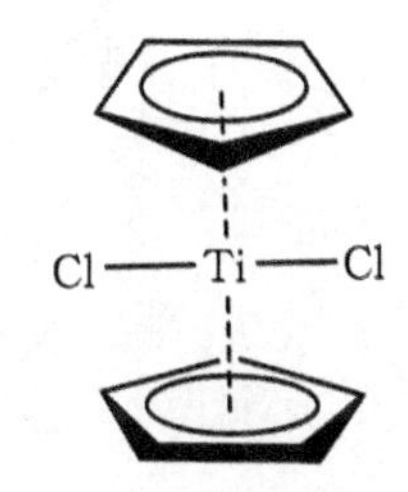

图 15-1　二氯二茂钛结构示意图

二氯二茂钛(Titanocene Dichloride),分子式 $C_{10}H_{10}Cl_2Ti$,相对分子质量 248.96。外观为红色晶体,密度 1.6 g/mL(25 ℃)(lit.),熔点 260 ℃～280 ℃ (dec.)(lit.)。它是过渡金属的茂夹心化合物,在金属有机合成中应用较广。其结构式如图 15-1 所示。

2. 合成路线

本实验以混合溶剂为媒介,采用二乙胺法合成二氯二茂钛。其间利用甲醇代替盐酸洗涤过滤滤饼,避免了酸性废水的产生与排放,实现了产品的绿色合成。最终可得到纯度较高、晶形较好的红色晶体。合成方法如下:

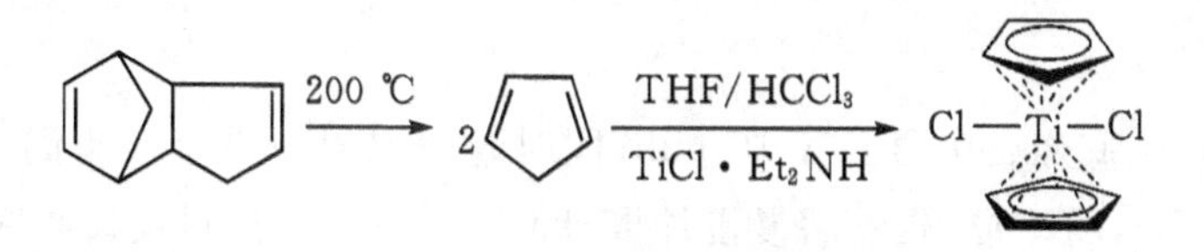

三、仪器与试剂

(1)仪器:单口圆底烧瓶、分馏柱、冷凝装置、温度计、电热套、铝箔纸、三口圆底烧瓶(500 mL)、蛇形冷凝管、尾接管、磁力加热搅拌器、注射器、恒压漏斗、抽滤装置、分光光度计、电位计、滴定管。

(2)试剂:二聚环戊二烯、无水硫酸镁、冰、二乙胺、四氯化钛、甲苯、干燥后的四氢呋喃、石油醚、盐酸、甲醇、硫酸、高氯酸、过氧化氢、硝酸银。

四、实验步骤

1. 四氢呋喃(THF)的干燥

向单口圆底烧瓶中加入剪好的钠屑,再倒入需要处理的四氢呋喃试剂,并加入适量的二苯

甲酮(作为显色剂)。连接好装置,用电热套加热回流,控制温度在120 ℃左右,观察四氢呋喃由无色逐渐转变为蓝色,直至变为深紫色时开始收集备用。

2. 制备环戊二烯单体

(1)干燥环戊二烯二聚体:在烧杯中倒入一定量二聚环戊二烯,加入适量的无水硫酸镁做干燥剂(直至烧杯底部有粉末存在),充分静置一段时间(2 h左右)。

(2)解聚二聚环戊二烯:将干燥过后的二聚环戊二烯加入圆底烧瓶,按图15-2组装好仪器,底部沙浴加热,馏出液体冰浴接收。加热过程中开冷凝水,电热套温度设置在二聚环戊二烯的解聚温度250 ℃左右,观察到温度计温度上升至42 ℃左右时开始收集馏分。实验中注意控制温度,不可过高或过低,馏分收集后应尽快使用。

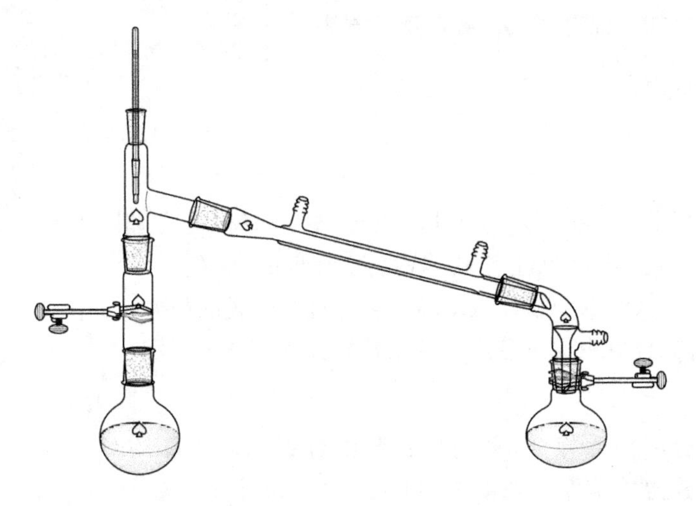

图15-2　环戊二烯装置示意图

3. 合成二氯二茂钛

冰浴下向三口圆底烧瓶中通氮气10 min,同时趁热取出一带有针头的塑料注射器,迅速吸取甲苯(2～3 mL),随即推出,然后慢慢抽取$TiCl_4$(15 mL),通过反口胶塞迅速推至反应器中,继续冷却半小时。移去冰浴,用恒压漏斗以1 $d\cdot s^{-1}$的速度慢慢向烧瓶中加入120 mL THF,注意控制滴加速度,开始加入时会有大量白烟产生,滴加大约10 mL至无大量白烟生成时全部加入。用同样的恒压漏斗以1 $d\cdot s^{-1}$的速度继续滴加二乙胺40 mL,此时再将解聚的环戊二烯单体48 mL如上加入其中,将恒压漏斗取下换成玻璃塞,在60 ℃～65 ℃下回流8 h。反应结束,移去加热装置。转移混合物至烧杯中,冰浴下冷却至5 ℃以下,用布氏漏斗抽滤,石油醚洗至无色,将滤饼在空气中风干后溶解于盐酸(80 mL,4 $mol\cdot L^{-1}$)中,搅拌后静置10 min,观察到红色沉淀完全析出后抽滤。最后用少量冰水洗涤,甲醇洗至无色后再用少量THF洗涤,真空干燥后即得到红色结晶的产物。

4. 二氯二茂钛中钛、氯含量的测定

(1)二氯二茂钛中钛含量的测定。

钛(IV)盐的硫酸溶液与过氧化氢作用可使溶液显示黄色至橘黄色。反应如下:

$$H_2[TiO(SO_4)_2]+H_2O_2 \longrightarrow H_2[TiO_2(SO_4)_2]+H_2O$$

显色的灵敏度相当高，我们采用以下的分光光度法测定样品中的钛含量。

①标准溶液的配制：称取氟钛酸钾 K_2TiF_6 1.5 g，置于铂蒸发皿中，加入 5 mL 浓 H_2SO_4，微热至全部溶解并将生成的氟化氢赶掉，待冷却后用 10% H_2SO_4 稀释并转移到 500 mL 的容量瓶中，加 3 mL 3% H_2O_2，再用 10% H_2SO_4 稀释到刻度，摇匀，即得浓度为 1 $mg\cdot mL^{-1}$左右(以 TiO_2 计，下同)的标准溶液。

②样品溶液的配制。

称取研细的待测样品 0.035 g，置于瓷坩埚中，加入 2 mL 70%高氯酸，先在水浴上加热至样品全部变黑，然后用酒精灯微火加热并补加 1 mL 高氯酸，待黑色消失而成为澄清溶液时加入 3 mL 浓 H_2SO_4，再继续微热半小时以除去过量的高氯酸。冷却后，用 20 mL 10% H_2SO_4 稀释并转移到 100 mL 容量瓶中。加入 4 mL 3% H_2O_2，然后用水稀释至刻度，摇匀。

③钛含量的测定。

分别取 4.00、5.00、5.10、5.20、5.30、5.40、5.50、5.60、5.70、5.50 mL 的上述标准液依次置于编号为 1～10 的 10 个 50 mL 的容量瓶中，各加 1 mL 3% H_2O_2，并用 10% H_2SO_4 稀释至刻度，摇匀。用分光光度计在 420 nm 波长下分别以 1 号溶液作参比，测定各号溶液及待测样品溶液的吸光度 A。以 A 的值对 c 作图，得出标准曲线。由样品溶液的 A，结合标准曲线，求出样品溶液的 c。

(2)二氯二茂钛中氯含量的测定。

采用电势滴定法。在待测样品的溶液中以氯离子选择性电极作指示电极，以双液接饱和甘汞电极作参比电极组成一个工作电池。用标准硝酸银溶液进行滴定。在滴定过程中，Ag^+ 离子与 Cl^- 离子作用生成 AgCl 沉淀，溶液中氯离子的浓度逐渐减小，电池的电势逐渐增大。在计量点附近时，待测溶液中 Cl^- 离子的浓度发生突变，相应的电势突增，即 $E-V$ 曲线。

在待测样品溶液中插入氯离子选择性电极和双液接饱和甘汞电极。在搅拌下用滴定管向样品溶液中逐次加入一定体积的标准硝酸银溶液，然后用电位计测定此工作电池的电势 E。

五、注意事项

(1)整个操作过程为无水无氧操作。

(2)粗样经盐酸溶解后结晶过程中要静置才能形成晶体状，反之会得到粉末或看不到晶形。

六、思考题

为什么整个实验要求无水无氧操作？

实验 16　催化动力学光度法测定微量铬(Ⅵ)

一、实验目的

(1)掌握催化光度法的基本原理。

(2)掌握紫外可见分光光度计的使用方法。

(3)掌握纺织品样品分解处理办法。

二、实验原理

铬是生物体所必须的微量元素之一,但也是污染环境和影响人类健康的重要元素之一。六价铬则由于其强氧化性和对皮肤的高渗透性,具有很强的毒性,对人体具有致畸、致突变、致癌作用。因此,建立一种快速、灵敏、简便的测定铬(Ⅵ)的分析方法,具有重要的实用价值。铬(Ⅵ)的测定方法主要有原子发射光谱法、原子吸收光谱法、荧光法、极谱法、化学发光法、质谱法、直接光度法、催化动力学光度法和色谱法等。相对于其他分析方法,催化动力学光度法操作简便,并不需要复杂的仪器设备,且具有较高的灵敏度和选择性,所以成为分析中常用的方法之一。

催化光度法的基本原理是用光度法测量受均液相催化加速的某一化学反应的速度,其数值与催化剂浓度存在一定的函数关系(常为线性关系),据此可测定催化剂的含量。在一定条件下,线性方程为

$$\Delta A(\Delta A=A_0-A)=Kc+\mathrm{b}$$

其中:A_0——非催化体系的吸光度;

A——催化体系的吸光度;

c——催化剂的浓度。

在硫酸介质中,过氧化氢能氧化酸性品红褪色,而铬(Ⅵ)能明显地催化这一反应,其催化程度与铬(Ⅵ)的浓度有关,据此可依据催化动力学分光光度法测定微量铬(Ⅵ)。

三、仪器与试剂

(1)仪器:紫外可见分光光度计、电子天平、恒温水浴箱、超声波清洗器、烧杯、容量瓶、移液管、比色管、三角瓶。

(2)试剂:1×10^{-3} mol·L^{-1}酸性品红溶液、3%过氧化氢溶液、1×10^{-3} mol·L^{-1}硫酸溶液、1 μg·mL^{-1}铬(Ⅵ)标准溶液、酸性汗液、氢氧化钠、尿素、氯化钠、磷酸钠、酒精、乙酸、乳酸。

四、实验步骤

1.溶液配制

(1)铬(Ⅵ)储备溶液(100 μg·mL^{-1}):准确称取 0.1166 g $K_2Cr_2O_7$,用水溶解并定容于 250

mL 容量瓶中。

(2)铬(Ⅵ)标准溶液(1 $\mu g \cdot mL^{-1}$):量取 Cr(Ⅵ)储备液 2.5 mL,定容于 250 mL 容量瓶中。

(3)酸性品红溶液(1×10^{-3} $mol \cdot L^{-1}$):准确称取 0.1464 g 酸性品红,用蒸馏水溶解,并定容于 250 mL 容量瓶中。

(4)3% H_2O_2 溶液:准确移取 5 mL 30% H_2O_2,定容于 50 mL 容量瓶中。

(5)1 $mol \cdot L^{-1}$ H_2SO_4 溶液:准确移取 18 $mol \cdot L^{-1}$的硫酸溶液(分析纯)2.8 mL,定容于 50 mL 的容量瓶中。

(6)0.01 $mol \cdot L^{-1}$ H_2SO_4 溶液:准确移取 1 $mol \cdot L^{-1}$的硫酸溶液 0.5 mL,定容于 50 mL 的容量瓶中。

(7)0.001 $mol \cdot L^{-1}$ H_2SO_4 溶液:准确移取 0.01 $mol \cdot L^{-1}$的硫酸溶液 5.0 mL,定容于 50 mL 的容量瓶中。

(8)酸性汗液:准确称取 4.0 g 氢氧化钠,用蒸馏水溶解,用玻璃棒转移至 250 mL 容量瓶中,定容。准确称取 0.25 g 尿素、1.75 g 氯化钠、2.0 g 磷酸钠、5.0 g 酒精、1.25 g 乙酸、0.25 g乳酸于烧杯中,用蒸馏水溶解,玻璃棒转移至 250 mL 容量瓶中,然后再加入上述配制的 NaOH 溶液 28.80 mL,并稀释至刻度。

2.试验方法

取两支 25 mL 具塞比色管,每支都分别加入 0.8 mL 酸性品红溶液,3.5 mL 硫酸溶液和 1.0 mL过氧化氢溶液。其中一支加入一定量铬(Ⅵ)标准溶液,另一支不加,用两次蒸馏水稀释至刻度,摇匀。在一定温度下加热后,流水冷却至室温。用 1 cm 比色皿,以蒸馏水作参比,在吸收波长 542 nm 处分别测定催化体系(含铬(Ⅵ))和非催化反应体系的吸光度 A 和 A_0值,并计算吸光度差值 $\Delta A(\Delta A = A_0 - A)$。

3.测试条件选择

(1)硫酸用量的选择。

在试验方法中,固定其它反应条件不变,改变硫酸用量,分别为 3.0、3.2、3.4、3.5、3.6、3.8 和 4.0 mL,分别测定催化体系(含铬(Ⅵ))和非催化反应体系的吸光度 A 和 A_0值,并计算吸光度差值 $\Delta A(\Delta A = A_0 - A)$。以硫酸的体积为横坐标,吸光度差值 ΔA 为纵坐标,绘制 $\Delta A - V$曲线。从曲线中观察硫酸用量的情况,找出合适的硫酸用量。

(2)过氧化氢用量的选择。

在最佳硫酸用量的基础上,固定其它反应条件不变,取过氧化氢 0.7、0.8、0.9、1.0、1.1、1.2 和 1.3 mL 分别进行试验,测定催化体系(含铬(Ⅵ))和非催化反应体系的吸光度 A 和 A_0值,并计算吸光度差值 $\Delta A(\Delta A = A_0 - A)$。以过氧化氢的体积为横坐标,吸光度差值 ΔA 为纵坐标,绘制 $\Delta A - V$ 曲线。从曲线中观察过氧化氢用量的情况,找出合适的过氧化氢用量。

(3)酸性品红用量的选择。

在最佳硫酸和过氧化氢用量的基础上,固定其它反应条件不变,取酸性品红 0.5、0.6、0.7、0.8、0.9、1.0 和 1.1 mL 分别进行试验,测定催化体系(含铬(Ⅵ))和非催化反应体系的吸光度 A 和 A_0值,并计算吸光度差值 $\Delta A(\Delta A = A_0 - A)$。以酸性品红的体积为横坐标,吸光度差值 ΔA 为纵坐标,绘制 $\Delta A - V$ 曲线。从曲线中观察酸性品红用量的情况,找出合适的酸性品红用量。

(4)反应温度和时间的选择。

设定反应时间 7 min，硫酸溶液 3.5 mL，过氧化氢溶液 1.0 mL，酸性品红溶液 0.8 mL，将溶液分别置于 50、60、70、80、85、90 和 95 ℃水浴中进行试验，测定催化体系(含铬(Ⅵ))和非催化反应体系的吸光度 A 和 A_0 值，并计算吸光度差值 $\Delta A(\Delta A=A_0-A)$。以反应温度为横坐标，吸光度差值 ΔA 为纵坐标，绘制 $\Delta A-T$ 曲线，从中找出最佳的反应温度。

在最佳反应温度下，将溶液分别加热 5、6、7、8、9、10 和 11 min，测定催化体系(含铬(Ⅵ))和非催化反应体系的吸光度 A 和 A_0 值，并计算吸光度差值 $\Delta A(\Delta A=A_0-A)$。以反应时间为横坐标，吸光度差值 ΔA 为纵坐标，绘制 $\Delta A-T$ 曲线，从中找出最佳的反应时间。

(5)工作曲线。

在最佳反应条件下，分别移取 0.5、1.5、2.5、3.5、4.5、5.5、6.5 和 7.5 mL 铬(Ⅵ) 标准溶液于 25 mL 具塞比色管中，按实验方法测定催化体系和非催化体系的吸光度，计算 ΔA 值。以铬(Ⅵ) 质量浓度为横坐标，吸光度差值 ΔA 为纵坐标，绘制 $\Delta A-C_{Cr}$ 标准曲线，求出线性方程和线性相关系数。

4. 样品测定

准确称取 5.000 g 的棉布，剪碎至 5 mm×5 mm 以下，放置于具塞三角瓶中，向其中加入 80 mL 酸性汗液，使样品充分浸湿，再放入恒温水浴中超声振荡 60 min 后，静置过滤得到试样溶液。取处理后的试液 1 mL，按照试验方法结合工作曲线测定样品中铬(Ⅵ)的含量。

五、数据处理

(1)列表记录各项实验数据，找出最佳工作条件，并绘制标准曲线。

(2)根据标准曲线和样品测试数据，计算样品中铬(Ⅵ)的含量。

六、思考题

(1)催化动力学光度法的基本原理是什么？

(2)如何选择最佳的实验条件？

实验 17　荧光法测定维生素 B_2 的含量

一、实验目的

(1)掌握荧光法测定维生素 B_2 的方法。

(2)学习荧光分析法的基本原理和实验操作技术。

二、实验原理

多数分子在常温下处在基态最低振动能级，产生荧光的原因是荧光物质的分子吸收了特征频率的光能后，由基态跃迁至较高能级的第一电子激发态或第二电子激发态，处于激发态的分子，通过无辐射去活，将多余的能量转移给其他分子或激发态分子内振动或转动能级后，回至第一激发态的最低振动能级，然后再以发射辐射的形式去活，跃迁回至基态各振动能级，发射出荧光。荧光是物质吸收光的能量后产生的，因此任何荧光物质都具有两种光谱：激发光谱和发射光谱。

当实验条件一定时，荧光强度与荧光物质的浓度成线性关系：

$$I_F = Kc$$

这是荧光光谱法定量分析的理论依据。

维生素 B_2，也称核黄素，分子式 $C_{17}H_{20}O_6N_4$，溶于水，为维生素类药物。参与体内生物氧化作用。其分子结构式如下

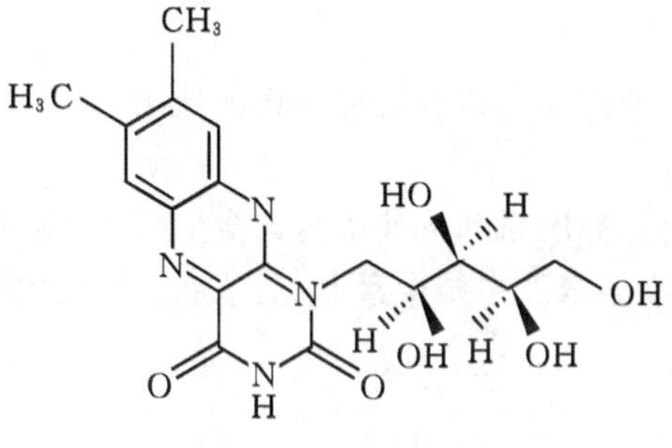

维生素 B_2 本身为黄色，由于分子结构上具有异咯嗪结构，在 430～440 nm 蓝光或紫外光照射下会产生黄绿色的荧光。荧光峰在 535 nm，在 pH 值为 6～7 的溶液中荧光强度最大。维生素 B_2 在碱性溶液中经光线照射会发生分解而转化为光黄素，光黄素的荧光比核黄素的荧光强的多，在 pH 值为 11 的碱性溶液中荧光消失，故测维生素 B_2 的荧光时溶液要控制在酸性范围内，且在避光条件下进行。其它如维生素 C 在水溶液中不发荧光，维生素 B_1 本身无荧光，维生素 D 用二氯乙酸处理后才有荧光，因而它们都不干扰维生素 B_2 的测定。

维生素 B_2 在一定波长光照射下产生荧光，在稀溶液中，其荧光强度与浓度成正比，因而可采用标准曲线法测定维生素 B_2 的含量。

三、仪器与试剂

(1)仪器:荧光光度计、容量瓶、移液管。

(2)试剂:核黄素、冰乙酸、维生素 B_2 片。

四、实验步骤

1. 维生素 B_2 标准溶液的配制

(1)维生素 B_2 标准溶液(10 $mg \cdot L^{-1}$):准确称取 10 mg 维生素 B_2 溶于热蒸馏水中,冷却,转移至 1000 mL 容量瓶中,加蒸馏水定容,摇匀,置暗处保存。

(2)标准系列溶液的配制:移取维生素 B_2 标准溶液 (10 $mg \cdot L^{-1}$)0.0、1.0、2.0、3.0、4.0 及 5.0 mL 分别置于 50 mL 容量瓶中,加入冰乙酸 2.0 mL,加水至刻度,摇匀,待测。

2. 样品溶液的制备

取 10 片维生素 B_2 片,研细。准确称取 10 mg 置于 100 mL 容量瓶中,用蒸馏水稀释至刻度,摇匀。过滤,吸取滤液 10.0 mL 于 100 mL 容量瓶中,用水稀释至刻度,摇匀。吸取此溶液 2.0 mL 于 50 mL 容量瓶内,加冰醋酸 2.0 mL,用水稀释至刻度,摇匀,待测。

3. 测定

(1)将某一浓度的维生素 B_2 标准溶液放入样品室,盖上样品室盖,按照仪器使用方法在光谱模式测定其发射光谱和激发光谱,确定最佳测定波长。

(2)将维生素 B_2 标准溶液放入样品室,盖上样品室盖,在定量模式测定维生素 B_2 系列标准溶液和空白溶液的荧光强度,最后测定样品溶液的荧光强度。

五、数据处理

(1)从绘制的维生素 B_2 的激发光谱和发射光谱曲线上,确定其最大激发波长和最大发射波长。

(2)以荧光强度为纵坐标,标准系列溶液浓度为横坐标,绘制标准曲线。

(3)从标准曲线上查得样品溶液中维生素 B_2 的浓度,然后计算出原始维生素 B_2 片样品中维生素 B_2 的百分含量。

六、注意事项

(1)使用荧光光度计时,要按照仪器使用规定使用,不可随意操作。

(2)使用石英比色皿时,要注意勿用手直接触摸比色皿表面,应握住侧棱。

七、思考题

(1)激发波长与荧光波长有什么关系?

(2)维生素 B_2 在 pH 值=6~7 时荧光最强,本实验为何在酸性溶液中测定?

实验 18 荧光分光光度法测定维生素 C

一、实验目的

（1）掌握荧光法测定食品中维生素 C 含量的方法。

（2）了解分子荧光分析法的基本原理。

二、实验原理

维生素 C 又称抗坏血酸，广泛存在于新鲜蔬菜和水果中。它具有保持肌肤润滑、防止衰老、抗坏血酸病等作用，是人体必需的主要维生素之一，是人体正常生理代谢不可缺少的一类有机物。

抗坏血酸在氧化剂存在下，被氧化成脱氢抗坏血酸，脱氢抗坏血酸与邻苯二胺作用生成荧光化合物，此荧光化合物的激发波长是 350 nm，荧光波长（即发射波长）为 433 nm，其荧光强度与抗坏血酸浓度成正比。若样品中含丙酮酸，它也能与邻苯二胺生成一种荧光化合物，干扰样品中抗坏血酸的测定。在样品中加入硼酸后，硼酸与脱氢抗坏血酸形成的螯合物不能与邻苯二胺生成荧光化合物，而硼酸与丙酮酸并不作用，丙酮酸仍可以发生上述反应。因此，在测量时，取相同的样品两份，其中一份样品加入硼酸，测出的荧光强度作为背景的荧光读数；另一份样品不加硼酸，样品的荧光读数减去背景的荧光读数后，再与抗坏血酸标准样品的荧光读数相比较，即可计算出样品中抗坏血酸的含量。

三、仪器与试剂

（1）仪器：组织捣碎机、离心机、荧光分光光度计、电热鼓风干燥箱、电子天平、容量瓶、烧杯、移液管、三角瓶。

（2）试剂：百里酚蓝、氢氧化钠、乙酸钠、硼酸、邻苯二胺、偏磷酸、冰乙酸、偏磷酸、硫酸、抗坏血酸、溴、活性炭、茶叶。

四、实验步骤

1. 标准溶液的配制

（1）百里酚蓝指示剂（麝香草酚蓝）：称 0.1 g 百里酚蓝，加 0.02 mol·L^{-1} 氢氧化钠溶液 10.75 mL 溶解，用水稀释至 200 mL。

（2）乙酸钠溶液：称取 500 g 乙酸钠溶解并稀释至 1 L。

（3）硼酸—乙酸钠溶液：称取硼酸 9 g，加入 35 mL 乙酸钠溶液，用水稀释至 1000 mL（使用前配制）。

（4）邻苯二胺溶液：称取 20 mg 邻苯二胺盐酸盐溶于 100 mL 水中（使用前配制）。

(5)偏磷酸-冰乙酸溶液:称取 15 g 偏磷酸,加入 40 mL 冰乙酸,加水稀释至 500 mL 过滤后,储存于冰箱中。

(6)偏磷酸-冰乙酸-硫酸溶液:称取 15 g 偏磷酸,加入 40 mL 冰乙酸,用 0.015 mol·L^{-1} 硫酸稀释至 500 mL。

(7)抗坏血酸标准溶液:准确称取 0.500 g 抗坏血酸溶于偏磷酸-冰乙酸溶液中,定容至 500 mL 容量瓶中,此标准溶液浓度为每毫升相当于 1 mg 的抗坏血酸(每周新鲜配制);吸取上述溶液 5 mL,再用偏磷酸-冰乙酸溶液定容至 50 mL,此溶液每毫升相当于 0.1 mg 的抗坏血酸标准溶液(每天新鲜配制)。

(8)活性炭:取 50 g 活性炭加入 250 mL 10%盐酸,加热至沸,减压过滤,用蒸馏水冲洗活性炭,检查滤液中无铁离子为止,再于 110 ℃~120 ℃烘干备用。

2. 绘制标准曲线

(1)将制备好的 50 mL 标准溶液(含抗坏血酸 0.1 mg·mL^{-1})倒入三角瓶中,再往锥形瓶中加入 2~3 滴溴(在通风橱内进行),摇匀变微黄色后,通空气将溴排净,使溶液恢复为无色,若用活性炭为氧化剂,加 1~2 g 活性炭摇匀 1 min,过滤。

(2)取 2 只 50 mL 容量瓶,各加入刚处理过的溶液 1.0 mL,其中一只容量瓶中再加入 20 mL乙酸钠溶液,用水定容至刻度,此液作为标准溶液。另一只容量瓶中加入 20 mL 硼酸-乙酸钠溶液,用水定容至刻度,此液作为标准空白溶液。

(3)取 5 支带塞的刻度试管,一支试管中加入 2.0 mL 标准空白溶液,另 4 支试管中各吸 0.5、1.0、1.5、2.0 mL 标准溶液,再分别用蒸馏水定容至 3.0 mL。

(4)避光反应:在避光的环境中,迅速向各管中加入 5 mL 邻苯二胺溶液,加塞,振摇 1~2 min,于暗处放置 35 min。

(5)荧光测定:选择上述最佳的仪器条件,记录标准溶液各浓度的荧光强度和标准空白溶液的荧光强度,标准溶液荧光强度减去标准空白溶液荧光强度计算相对荧光强度。

3. 样品测定

(1)样品处理:称取均匀样品 10 g(视样品中抗坏血酸含量而定,其含量约在 1 mg 左右),先取少量样品加入 1 滴百里酚蓝,若显红色(pH 值=1.2),即用偏磷酸-冰乙酸溶液定容至 100 mL,若显黄色(pH 值=2.8),即用偏磷酸-冰乙酸-硫酸溶液定容至 100 mL,定容后过滤备用。

(2)氧化处理:将全部滤液转入锥形瓶中加入 1~2 g 活性炭振摇 1~2 min,过滤。或在通风橱中加 2~3 滴溴,以下操作与绘制标准曲线同。

(3)取 2 只 50 mL 容量瓶,各加入 5.0 mL 经氧化处理的样液,再向其中一只加入 20 mL 乙酸钠溶液,用水稀释至 50 mL 作为样品溶液;另一只加入 20 mL 硼酸-乙酸钠溶液,用水稀释至刻度,作为样品空白溶液。

(4)取 2 支带塞的刻度试管,1 支试管中加 2.0 mL 样品溶液为样液,另一根试管中加入 2.0 mL 样品空白溶液作为空白,再分别用蒸馏水定容至 3.0 mL。

(5)避光加邻苯二胺,以下操作与实验步骤 2 绘制标准曲线(4)、(5)部分相同,得出样品的相对荧光强度。

五、数据处理

(1)绘制相对荧光强度对抗坏血酸溶液浓度的标准曲线。

(2)根据样品的相对荧光强度,从标准曲线上查出样品溶液中相对应的抗坏血酸浓度,再根据抗坏血酸浓度计算出样品中抗坏血酸含量。

六、注意事项

(1)样品中如有泡沫,可滴加几滴乙醇、戊醇或辛醇消泡。

(2)邻苯二胺溶液在空气中易氧化,颜色变暗,影响显色,所以应临用前配制。

(3)使用石英样品池时,应手持其棱角处,不能接触光面,用毕后,将其清洗干净。

(4)影响荧光强度的因素很多,每次测定的条件很难完全控制一致,因此每次必须做工作曲线,且标准曲线最好与样品同时做。

七、思考题

(1)测量未知试样时,其激发波长和发射波长如何获得?

(2)活性炭、溴作为抗坏血酸测定所用的氧化剂各有何优缺点?

实验 19　阻抑动力学荧光光度法测定钴(Ⅱ)

一、实验目的

(1)掌握动力学荧光光度法的基本原理。

(2)掌握荧光光度计的使用方法。

(3)掌握面粉和茶叶样品的处理方法。

二、实验原理

钴是一种人体健康必不可少的微量元素,具有非常重要的生理作用,人体长期缺钴或体内钴的储存过多都将直接影响身体健康。近年来,痕量钴的测定方法进展很快,包括分光光度法、催化光度法、动力学荧光光度法、等离子体原子发射光谱法、原子吸收光谱法、高效液相色谱法、共振散射法和电化学法等。动力学荧光光度法操作简便,灵敏度高,检出限低,且能达到样品中要求的微量元素灵敏度,是测定钴的一种重要的分析方法。

光动力学分析基于化学反应的速率与反应物的浓度有关,在某些情况下还与催化剂(有时还包括活化剂、阻化剂或解阻剂)的浓度有关。因而可以通过应用荧光法来监测反应速率,从而对待测物进行检测,该法也称为荧光速率法。

在硫酸介质中,溴酸钾能氧化吖啶黄使其荧光猝灭,而钴(Ⅱ)能明显地阻抑这一反应,其阻抑程度与钴(Ⅱ)的浓度有关,具体公式如下

$$\Delta F=F-F_0=Kc_{Co}+b$$

其中:F——阻抑体系的荧光强度;

F_0——非阻抑体系的荧光强度。

据此可测定样品中钴(Ⅱ)的含量。

三、仪器与试剂

(1)仪器:荧光光度计、电子天平、电热恒温水箱、容量瓶、烧杯、比色管、移液管、电炉。

(2)试剂:硫酸钴、吖啶黄、硫酸、酸钾溶液、硝酸、过氧化氢、盐酸。

四、实验步骤

1. 溶液配制

(1)Co(Ⅱ)离子储备液(10 $\mu g \cdot mL^{-1}$):准确称取 0.0120 g 硫酸钴,蒸馏水溶解,定容于 250 mL 容量瓶中。

(2)Co(Ⅱ)离子标准工作液(0.1 $\mu g \cdot mL^{-1}$):量取钴(Ⅱ)储备液 2.5 mL,定容于 250 mL 容量瓶中。

(3)吖啶黄储备液(5×10^{-4} mol·L^{-1}):准确称取 0.0325 g 吖啶黄,蒸馏水溶解,定容于 250 mL 容量瓶中。

(4)吖啶黄工作液(5×10^{-6} mol·L^{-1}):量取吖啶黄储备液 2.5 mL,定容于 250 mL 容量瓶中。

(5)溴酸钾溶液(0.05 mol·L^{-1}):准确称取 2.0875 g 溴酸钾,蒸馏水溶解,定容于250 mL 容量瓶中。

(6)H_2SO_4 溶液(0.2 mol·L^{-1}):量取浓硫酸 2.78 mL,定容于 250 mL 容量瓶中。

2.试验方法

取两支 25 mL 具塞比色管,每支都分别加入 2.0 mL 吖啶黄溶液,1.9 mL 硫酸溶液,1.5 mL溴酸钾溶液。其中一支加入再一定量钴标准溶液,用超纯水稀释至刻度,摇匀。同时将两支具塞比色管置于 50 ℃水浴中加热 7 min,时间到后迅速取出,流水冷却至室温。然后在 $\lambda_{ex}/\lambda_{em}=260/522$ 下测定阻抑和非阻抑体系荧光强度 F 和 F_0,并计算荧光值 $\Delta F(\Delta F=F-F_0)$。

3.测试条件选择

(1)硫酸用量的选择。

在试验方法中,固定其它反应条件不变,改变硫酸用量,分别为 1.5、1.6、1.7、1.8、1.9、2.0和 2.1 mL,分别测定测定阻抑和非阻抑体系荧光强度 F 和 F_0,并计算荧光值 $\Delta F(\Delta F=F-F_0)$。以硫酸的体积为横坐标,荧光强度差值 ΔF 为纵坐标,绘制 $\Delta F-V$ 曲线。从曲线中观察硫酸用量的情况,找出合适的硫酸用量。

(2)溴酸钾用量的选择。

在最佳硫酸用量的基础上,固定其它反应条件不变,取溴酸钾 1.1、1.2、1.3、1.4、1.5、1.6和 1.7 mL 分别进行试验,测定定阻抑和非阻抑体系荧光强度 F 和 F_0,并计算荧光值 $\Delta F(\Delta F=F-F_0)$。以溴酸钾的体积为横坐标,荧光强度差值 ΔF 为纵坐标,绘制 $\Delta F-V$ 曲线。从曲线中观察溴酸钾用量的情况,找出合适的溴酸钾用量。

(3)吖啶黄用量的影响。

在最佳硫酸和溴酸钾用量的基础上,固定其它反应条件不变,取吖啶黄 1.7、1.8、1.9、2.0、2.1、2.2 和 2.3 mL 分别进行试验,测定定阻抑和非阻抑体系荧光强度 F 和 F_0,并计算荧光值 $\Delta F(\Delta F=F-F_0)$。以吖啶黄的体积为横坐标,荧光强度差值 ΔF 为纵坐标,绘制 $\Delta F-V$ 曲线。从曲线中观察吖啶黄用量的情况,找出合适的吖啶黄用量。

(4)反应温度和时间的选择。

在上述最佳实验条件下,将溶液分别置于 30 ℃、35 ℃、40 ℃、45 ℃、50 ℃、55 ℃和 60 ℃水浴中进行试验,测定定阻抑和非阻抑体系荧光强度 F 和 F_0,并计算荧光值 $\Delta F(\Delta F=F-F_0)$。以反应温度为横坐标,荧光强度差值 ΔF 为纵坐标,绘制 $\Delta F-V$ 曲线,从中找出最佳的反应温度。

在最佳反应温度下,将溶液分别加热 3、4、5、6、7、8 和 9 min,测定定阻抑和非阻抑体系荧光强度 F 和 F_0,并计算荧光值 $\Delta F(\Delta F=F-F_0)$。以反应时间为横坐标,荧光强度差值 ΔF 为纵坐标,绘制 $\Delta F-V$ 曲线,从中找出最佳的反应时间。

(5)工作曲线。

在最佳反应条件下,分别移取 1.5、2.0、2.5、3.0、3.5、4.0 和 4.5 mL 钴(Ⅱ)标准溶液于

25 mL 具塞比色管中，按测试方法测定测定阻抑和非阻抑体系荧光强度 F 和 F_0，并计算荧光值 $\Delta F(\Delta F=F-F_0)$。以钴(Ⅱ) 质量浓度为横坐标，荧光强度差值 ΔF 为纵坐标，绘制 $\Delta F - c_{Co}$ 标准曲线，求出线性方程和线性相关系数。

4. 样品测定

分别准确称取面粉及烘干粉末状的茶叶各 0.5 g 于 50 mL 烧杯中，加入 10 mL 浓硝酸于电热板上消化至溶液后，再加入 2.0 mL 过氧化氢溶液蒸干，冷却，用少量 0.1 $mol\cdot L^{-1}$ 盐酸溶液浸取，转入 50 mL 容量瓶中定容。取处理后的试液 2.0 mL，按照试验方法结合工作曲线测定样品中钴(Ⅱ)的含量。

五、数据处理

(1)列表记录各项实验数据，找出最佳工作条件。

(2)以荧光强度差值为纵坐标，标准系列溶液浓度为横坐标，绘制工作曲线。

(3)从工作曲线上查得样品溶液中钴的浓度，然后计算出面粉和茶叶样品中钴的含量。

六、思考题

(1)阻抑动力学荧光法的基本原理是什么?

(2)如何选择最佳的实验条件?

实验 20　离子选择性电极法测定水中氟离子

一、实验目的

(1)了解电位分析法的基本原理。

(2)掌握电位分析法的操作过程。

(3)掌握用标准曲线法测定水中微量氟离子的方法。

(4)了解总离子强度调节液的意义和作用。

二、实验原理

氟的含量是环境监测中一个重要指标。氟化物的人工污染来源为矿山开采及金属冶炼,工业生产如炼铝、玻璃、陶瓷、钢铁、磷肥,搪瓷等的废水废气。水中氟离子浓度超过 1.5 $mg \cdot L^{-1}$ 时,可发生氟中毒,另一方面,饮水中含氟量低于 0.5 $mg \cdot L^{-1}$,会增加患龋齿的几率。

一般氟测定最方便、灵敏的方法是氟离子选择电极。氟离子选择电极的敏感膜由 LaF_3 单晶片制成,为改善导电性能,晶体中还掺杂了少量 0.1%～0.5%的 EuF_2 和 1%～5%的 CaF_2。膜导电由离子半径较小、带电荷较少的晶体离子氟离子来担任。Eu^{2+}、Ca^{2+} 代替了晶格点阵中的 La^{3+},形成了较多空的氟离子点阵,降低了晶体膜的电阻。

将氟离子选择电极插入待测溶液中,待测离子可以吸附在膜表面,它与膜上相同离子交换,并通过扩散进入膜相。膜相中存在的晶体缺陷,使产生的离子也可以扩散进入溶液相,这样,在晶体膜与溶液界面上建立了双电层结构,产生相界电位,氟离子活度的变化符合能斯特方程:

$$E = K - \frac{2.303RT}{F} \lg a_{F^-}$$

氟离子选择电极对氟离子有良好的选择性,一般阴离子,除 OH^- 外,均不干扰电极对氟离子的响应。氟离子选择电极的适宜 pH 值范围为 5～7。一般氟离子电极的测定范围为 10^{-6}～10^{-1} $mol \cdot L^{-1}$。水中氟离子浓度一般为 10^{-5} $mol \cdot L^{-1}$。

在测定中为了将活度和浓度联系起来,必须控制离子强度。为此,应该加入惰性电解质(如 KNO_3)。一般将含有惰性电解质的溶液称为总离子强度调节液(total ionic strength adjustment buffer,TISAB)。对氟离子选择电极来说,它由 KNO_3、NaAc - HAc 缓冲液、柠檬酸钾组成,控制 pH 值为 5.5。

离子选择电极的测定体系由离子选择电极和参比电极构成(图 20 - 1)。用离子选择电极测定离子浓度有两种基本方法。

方法一:标准曲线法。先测定已知离子浓度的标准溶液的电位 E,以电位 E 对 $\lg c$ 作一工作曲线,由测得的未知样品的电位值,在 $E - \lg c$ 曲线上求出分析物的浓度。

方法二:标准加入法。首先测定待分析物的电位 E_1,然后加入已知浓度的分析物,记录电

位 E_2，通过能斯特方程，由电位 E_1 和 E_2 可以求出待分析物的浓度。本实验测定氟离子采用标准曲线法。

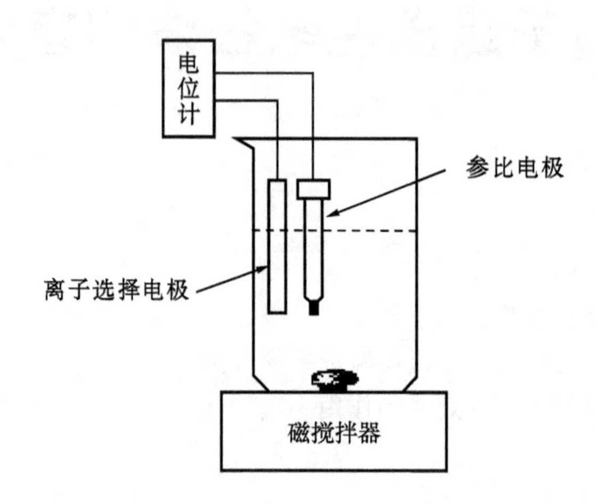

图 20－1　氟离子选择电极分析装置

三、仪器与试剂

（1）仪器：氟离子选择电极、饱和甘汞电极、酸度计、电磁搅拌器、烧杯、容量瓶、移液管。

（2）试剂：氟化钠、硝酸钾、乙酸钠、乙酸、柠檬酸、氢氧化钠、氯化钠、酒精、丙酮。

四、实验步骤

1. 标准溶液的配制

（1）氟标准溶液 1 g·L^{-1}：称取于 120 ℃干燥 2 h 并冷却的氟化钠 2.21 g 溶于去离子水中，而后转移至 1000 mL 容量瓶中，稀释至刻度，摇匀，保存在聚乙烯塑料瓶中备用。

（2）氟标准溶液 10 mg·L^{-1}：移取 1 g·L^{-1}氟离子标准溶液 1 mL 稀释到 100 mL。实验前随配随用，用完倒掉洗净容量瓶。

（3）TISAB 溶液：在 1000 mL 烧杯中加入 500 mL 去离子水，再加入 57 mL 冰醋酸、58 g 氯化钠、12 g 柠檬酸钠，搅拌使之溶解，然后缓慢加入 6 mol·L^{-1}氢氧化钠溶液，直至 pH 值在 5.0～5.5（约 125 mL，用精密试纸检查），冷至室温，转移溶液到 1000 mL 容量瓶中，用去离子水稀释到刻度，摇匀，备用。

2. 氟离子电极的准备

氟离子电极在使用前，宜在纯水中浸泡数小时或过夜，或在 1×10^{-3} mol·L^{-1} NaF 溶液中浸泡 1～2 h，再用去离子水洗到空白电位为 300 mV 左右。电极晶片勿与坚硬物碰擦，晶片上如有油污，用脱脂棉依次以酒精、丙酮轻拭，再用去离子水洗净。连续使用期间的间隙内，可浸泡在水中，长期不用，则风干后保存。

预热仪器约 30 min，接入氟电极与参比电极。

3. 标准曲线法测氟离子浓度

（1）氟离子标准溶液系列的配制：用吸量管分别吸取含 F^- 浓度为 100 mg·L^{-1}的标准溶液

0、0.5、1、2、4、6、10 mL，分别放入 50 mL 容量瓶中，再分别移取 10.0 mL TISAB 于上述容量瓶中，用去离子水稀释至刻度，摇匀，即得到氟离子标准溶液系列。

(2)将标准系列溶液由低浓度到高浓度依次转入塑料烧杯中，放入磁搅拌子，插入氟电极和参比电极，搅拌 2 min，静置 1 min，待电位稳定后读数，记录电位值 E。以测得的毫伏数为纵坐标，以 F^- 浓度为横坐标做标准曲线。

(3)水中 F^- 浓度的测定：准确量取 25.00 mL 自来水于 50 mL 容量瓶中，再分别移取 10.00 mL TISAB 溶液于上述容量瓶中，用去离子水稀释至刻度，摇匀。与标准曲线相同的条件下测定电位，平行做 3 次。

五、数据处理

(1)绘制 F^- 标准溶液的电位 $E-\lg c$ 曲线。

(2)根据测得的自来水的电位值，由标准曲线求出 F^- 浓度，再换算成自来水中的含氟量，最后 F^- 含量以 mg/L 表示。

六、注意事项

(1)电极在使用前应按要求进行活化，洗涤。电极的敏感膜应保持清洁和完好，切勿沾污或受到机械损伤。

(2)测定时应按溶液从稀到浓的次序进行。每测试完一个溶液后，用去离子水清洗氟离子选择电极。在浓溶液中测定后应立即用去离子水将电极清洗到空白值，再测定稀溶液，否则将严重影响电极寿命和测量准确度(有迟滞效应)。电极也不宜在浓溶液中长时间浸泡，以免影响检出下限。

(3)电极使用后，应清洗至其电位为空白电位值，浸泡在去离子水中，长期不用则应擦干并按要求保存。

七、思考题

(1)为什么要从稀到浓测定电位？可以反过来测吗？

(2)为什么不能用玻璃烧杯？

(3)总离子强度缓冲溶液中各组分作用是什么？可不可以不加？

实验 21　气相色谱法测定白酒中甲醇的含量

一、实验目的

(1)了解气相色谱仪(火焰离子化检测器 FID)的使用方法。
(2)掌握外标法定量的原理。
(3)了解气相色谱法在产品质量控制中的应用。

二、实验原理

气相色谱法(gas chromatography,简称 GC)是一种分离效果好、分析速度快、灵敏度高、操作简单、应用范围广的分析方法。它是以气体为流动相(又称载气),当气体携带着欲分离的混合物流经色谱柱中的固定相时,由于混合物中各组分的性质不同,它们与固定相作用力大小不同,所以组分在流动相与固定相之间的分配系数不同,经过多次反复分配之后,各组分在固定相中滞留时间长短不同,与固定相作用力小的组分先流出色谱柱,与固定相作用力大的组分后流出色谱柱,从而实现了各组分的分离。色谱柱后接一检测器,它将各化学组分转换成电的信号,用记录装置记录下来,便得到色谱图。每一个组分对应一个色谱峰。根据组分出峰时间(保留值)可以进行定性分析,峰面积或峰高的大小与组分的含量成正比,可以根据峰面积或峰高大小进行定量分析。图 21-1 为典型的气相色谱仪器示意图。

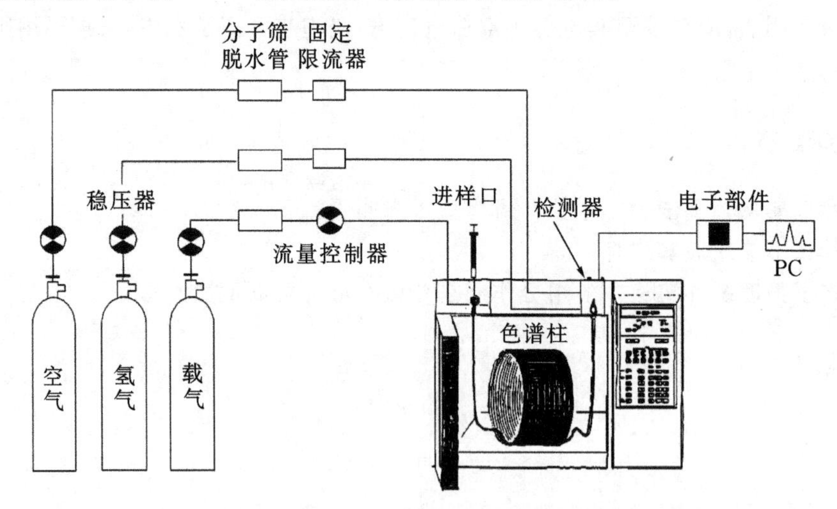

图 21-1　气相色谱仪示意图

在酿造白酒的过程中,不可避免地有甲醇产生。根据国家标准(GB 10343—2008),食用酒精中甲醇含量应低于 0.05 $g \cdot L^{-1}$(优级)或 0.15 $g \cdot L^{-1}$(普通级)。利用气相色谱可分离、检测白酒中的甲醇含量。

外标法，也称标准校正法，是色谱分析中应用最广、易于操作、计算简单的定量方法。它是通过配制一系列组成与试样相近的标准溶液，按标准溶液谱图，可求出每个组分浓度或量与相应峰面积或峰高校准曲线。按相同色谱条件试样色谱图相应组分峰面积或峰高，根据校准曲线可求出其浓度或量。但它是一个绝对定量校正法，标样与测定组分为同一化合物，分离、检测条件的稳定性对定量结果影响很大。为获得高定量准确性，定量校准曲线经常重复校正是必须的。在实际分析中，可采用单点校正。只需配制一个与测定组分浓度相近的标样，根据物质含量与峰面积成线性关系，当测定试样与标样体积相等时，

$$m_i = m_s \cdot A_i / A_s$$

式中：m_i，m_s ——分别为试样和标样中测定化合物的质量（或浓度）；

A_i，A_s ——分别为相应峰面积（也可用峰高代替）。

单点校正操作要求定量进样或已知进样体积。

本实验中，白酒中甲醇含量的测定采用单点校正法，即在相同的操作条件下，分别将等量的试样和含甲醇的标准样进行色谱分析，由保留时间可确定试样中是否含有甲醇，比较试样和标准样中甲醇峰的峰高，可确定试样中甲醇的含量。

三、仪器与试剂

（1）仪器：气相色谱仪、火焰离子化检测器、微量注射器。

（2）试剂：甲醇（色谱纯）、无甲醇的乙醇（取 0.5 mL 进样无甲醇峰即可）。

四、实验步骤

（1）标准溶液的配制：用体积分数为 60%的乙醇水溶液为溶剂，分别配制浓度为 0.1～0.6 $g \cdot L^{-1}$的甲醇标准溶液。

（2）色谱条件：

色谱柱：HP－5 石英毛细管柱（30 m×0.25 mm×0.25 μm）。

载气（N_2）流速：40 $mL \cdot min^{-1}$；氢气（H_2）流速：40 $mL \cdot min^{-1}$；空气流速：450 $mL \cdot min^{-1}$。

进样量：0.5 μL。

柱温：100 ℃。

检测器温度：150 ℃；气化室温度：150 ℃。

（3）操作：通载气，启动仪器，设定以上温度条件。待温度升至所需值时，打开氢气和空气，点燃 FID（点火时，H_2 的流量可大些），缓缓调节 N_2、H_2 及空气的流量，至信噪比较佳时为止。待基线平稳后即可进样分析。

在上述色谱条件下进 0.5 μL 标准溶液，得到色谱图，记录甲醇的保留时间。在相同条件下进白酒样品 0.5 μL，得到色谱图，根据保留时间确定甲醇峰。

五、数据处理

（1）确定样品中测定组分的色谱峰位置。

（2）按下式计算白酒样品中甲醇的含量：

$$W = w_s \cdot h / h_s$$

式中：W——白酒样品中甲醇的质量浓度，$g \cdot L^{-1}$；

w_s——标准溶液中甲醇的质量浓度，$g \cdot L^{-1}$；

h——白酒样品中甲醇的峰高；

h_s——标准溶液中甲醇的峰高。

比较 h 和 h_s 的大小即可判断白酒中甲醇是否超标。

六、注意事项

(1)必须先通入载气，再开电源，实验结束时应先关掉电源，再关载气。

(2)色谱峰过大过小，应利用“衰减”键调整。

(3)注意气瓶温度不要超过 40 ℃，在 2 m 以内不得有明火。使用完毕，立即关闭氢气钢瓶的气阀。

七、思考题

(1)外标法定量的特点是什么？它的主要误差来源有哪些？

(2)如何检查 FID 是否点燃？分析结束后，应如何关气、关机？

实验 22　高效液相色谱法测定纺织品中的甲醛

一、实验目的

(1)学习高效液相色谱仪的操作。

(2)了解高效液相色谱法的基本原理。

(3)掌握高效液相色谱法进行定性及定量分析的基本方法。

二、实验原理

甲醛,又称蚁醛,分子式为 HCHO,分子量为 30.03,沸点为 −21 ℃,是一种气态的小自由基分子,化学性质比较活泼。在室温下是一种无色气体,具有强烈刺激性气味,易溶于水以及乙醇、乙醚等有机溶剂。甲醛也是一种重要的化工原料,大量用于制造脲醛树脂、酚醛树脂、试剂、涂料、合成纤维(如维尼纶)等多种化工产品,在化学工业、木材工业、纺织产业、皮革等领域有着广泛的应用。

甲醛属于高毒性物质,已经被世界卫生组织(WHO)确定为致癌、致畸性物质,是公认的变态反应源,也是潜在的强致突变物之一。研究表明,甲醛对人体健康的影响主要表现在嗅觉异常、刺激、过敏、肺功能异常、肝功能异常和免疫功能异常等方面。长期接触低剂量甲醛会引起慢性呼吸道疾病、鼻咽癌、结肠癌、脑瘤、月经紊乱,还会有新生儿染色体异常、白血病,以及青少年记忆力和智力下降等症状。

纺织品中甲醛主要来自于纺织纤维、整理剂以及印染助剂。织物上的甲醛不仅会刺激呼吸道黏膜和皮肤,而且会诱发癌症。服装在穿着和使用过程中,甲醛会释放出来,对人体造成伤害。目前主要的测定方法有比色法、气相色谱法、气相色谱-质谱法、电化学法和荧光法。

高效液相色谱的定性和定量分析,与气相色谱分析相似,在定性分析中,采用保留值定性,或与其它定性能力强的仪器分析法(如质谱法、红外吸收光谱法等)联用。在定量分析中,采用测量峰面积的归一化法、内标法或外标法等。

本实验以 2,4 -二硝基苯肼(DNPH)为衍生试剂,与甲醛产生衍生反应,脱去一个水分子,生成相应的 2,4 -二硝基苯腙,然后用配备紫外检测器的高效液相色谱测定,以甲醛标准溶液的浓度对峰面积作图,绘制标准曲线,由样品峰面积从标准曲线上求得样品的甲醛含量。

三、仪器与试剂

(1)仪器:Agilent 1260 高效液相色谱仪、恒温振荡器、恒温水浴锅、微量注射器。

(2)试剂:甲醛、2,4 -二硝基苯肼、淀粉、碘、氢氧化钠、硫酸、硫代硫酸钠、乙腈、醋酸、纺织品。

四、实验步骤

1. 标准溶液的配制

(1)甲醛标准储备液(1 mg·mL^{-1})的配制：取 2.8 mL 甲醛溶液(含甲醛 36%～38%)于 1 L容量瓶中，加 0.5 mL 硫酸并用水稀释至刻度，摇匀。

(2)甲醛标准储备液(1 mg·mL^{-1})的标定：精确量取 20.00 mL 甲醛标准储备溶液，置于 250 mL碘量瓶中。加入 20.00 mL 0.0500 mol·L^{-1}碘溶液和 15 mL 1 mol·L^{-1}氢氧化钠溶液，放置 15 min。加入 20 mL 0.5 mol·L^{-1}硫酸溶液，再放置 15 min，用 0.1000 mol·L^{-1}硫代硫酸钠滴定，至溶液呈现淡黄色时，加入 1 mL 0.5%淀粉溶液，继续滴定至刚使蓝色消失为终点，记录所用硫代硫酸钠溶液体积。同时用水作试剂空白滴定。化学反应式如下

$$HCHO + NaOH + I_2 \longrightarrow HCOONa + 2HI$$

$$I_2 + 2Na_2S_2O_3 \longrightarrow Na_2S_4O_6 + 2NaI$$

甲醛的浓度根据公式(22-1)计算。

$$C = \frac{\frac{1}{2} \times (V_1 - V_2) \times C_{Na_2S_2O_3} \times Mr_{(HCHO)}}{20} \tag{22-1}$$

其中：C——甲醛标准储备溶液的质量浓度，mg·mL^{-1}；

V_1——试剂空白消耗硫代硫酸钠溶液的体积，mL；

V_2——甲醛标准储备溶液消耗硫代硫酸钠溶液的体积，mL。

(3)2,4-二硝基苯肼乙腈溶液(3.0 g·L^{-1})：称取 2,4-二硝基苯肼 300 mg，用乙腈(含 0.5%醋酸)定容至 100 mL。

2. 色谱仪器条件

色谱柱：C_{18}，5 μm，4.6 mm×150 mm；

流动相：乙腈∶水＝65∶35(体积比)；

流速：1.0 mL·min^{-1}；

柱温：40 ℃；

检测波长：360 nm；

进样量：20 μL。

3. 标准曲线

通过甲醛标准储备液配制 0.05、0.5、1.0、2.0、5.0、10.0、20.0、50.0 mg·L^{-1}的甲醛标准系列溶液，并各取 1 mL 于 10 mL 具塞试管中，加入 2,4-二硝基苯肼溶液 1 mL，于 40 ℃水浴 20 min，冷却至室温，溶液经 0.45 μm 滤膜过滤后，取 20 μL 进行色谱分析，以甲醛含量对峰面积作图绘制标准曲线。

4. 样品分析

(1)样品处理：将剪碎后的样品 1 g(如果甲醛含量太低，增加试样量至 2.5 g)放于 250 mL 碘量瓶中，加 100 mL 水，盖紧塞子，放入 40 ℃水浴振荡 60 min，冷却至室温，用玻璃砂芯漏斗过滤，滤液待衍生化。

(2)样品测定：取 1 mL 样品滤液于 10 mL 具塞试管中，加入 2,4-二硝基苯肼溶液 1 mL，

于 40 ℃水浴 20 min,冷却至室温,溶液经 0.45 μm 滤膜过滤后,取 20 μL 进行色谱分析。

五、结果处理

(1)测定每一个标准样的峰面积,列表得到实验数值,绘制标准曲线,得到线性回归方程。

(3)根据样品的峰面积,依据标准曲线线性回归方程,计算纺织品中甲醛的含量。

六、注意事项

(1)不同的纺织品中甲醛的含量不大相同,称取的样品量可酌量增减。

(2)为获得良好结果,标准和样品的进样量要严格保持一致。

七、思考题

(1)用标准曲线法定量的优缺点是什么?

(2)若进样之后,没有样品峰出现,有哪些可能的原因?

(3)高效液相色谱法的特点有哪些?

实验 23　高效液相色谱法测定印染废水中的硝基苯

一、实验目的

(1)了解高效液相色谱仪基本结构和工作原理,初步掌握其操作技能。

(2)学习高效液相色谱分析硝基苯的方法。

二、实验原理

硝基苯,又名密斑油、苦杏仁油,无色或微黄色具苦杏仁味的油状液体。其难溶于水,密度比水大;易溶于乙醇、乙醚、苯和油。遇明火、高热会燃烧、爆炸。与硝酸反应剧烈。硝基苯由苯经硝酸和硫酸混合硝化而得。

硝基苯是一种广泛应用于医药、印染、农药等工业中的重要化工原料。硝基苯生产过程产生的废水中含有一定量的硝基苯,硝基苯属生物难降解物质,对水生生态系统有毒害作用,并可通过呼吸道及皮肤侵入人体引起神经系统、血液系统和肝脾的病变。长时间摄入低剂量的硝基苯类物质后,可引起神经衰弱、贫血及中毒性肝炎等疾病。

本实验反相液相色谱分析硝基苯,然后用配备紫外检测器的高效液相色谱测定,以硝基苯标准溶液的浓度对峰面积作图,绘制标准曲线,由样品峰面积从标准曲线上求得样品中硝基苯含量。

三、仪器与试剂

(1)仪器:Agilent 1260 高效液相色谱仪、恒温振荡器、恒温水浴锅、微量注射器。

(2)试剂:硝基苯、甲醇。

四、实验步骤

1. 测定条件的选择

(1)色谱柱:C_{18},5 μm,4.6 mm×150 mm。

(2)流动相:甲醇∶水= 65∶35(体积比)。

注:流动相甲醇和水的比例根据实际测量需要可作调整。

(3)流量:1.0 $mL \cdot min^{-1}$。

(4)柱温:25 ℃。

(5)紫外光度检测器:测定波长 265 nm。

(6)进样量:20 μL。

2. 标准曲线

(1)硝基苯(1 mg·mL^{-1})的配制：准确称取0.05 g硝基苯，用甲醇溶解并稀释至50 mL容量瓶中。

(2)标准曲线：通过硝基苯标准液分别配制0.5、1.0、2.0、5.0、10.0、20.0、50.0 mg·L^{-1}的硝基苯标准系列溶液，取20 μL进行色谱分析，以甲醛含量对峰面积作图绘制标准曲线。

3. 样品分析

取适当量印染废水，静置，过滤。移取过滤后的水样5 mL于50 mL容量瓶中，甲醇稀释至刻度，超声波振荡，用0.45 μm滤膜过滤后，取20 μL进行色谱分析。

五、数据处理

(1)记录实验测定条件。

(2)以峰面积为纵坐标、硝基苯浓度为横坐标，绘制标准曲线，得到线性回归方程。

(3)根据样品的峰面积，依据标准曲线线性回归方程，计算印染废水中硝基苯的含量。

六、思考题

(1)高效液相色谱采用5～10 μm粒度的固定相有何优点？为什么？

(2)印染废水中若含有其他有机物质，如何处理？

实验24 印染废水中化学需氧量(COD)的测定

一、实验目的

(1)掌握重铬酸钾法测定水中COD测定的标准方法。

(2)了解回流装置处理样品的方法。

二、实验原理

化学需氧量(COD),是度量水体受还原性物质(主要是有机物)污染程度的综合性指标。它是指在一定条件下,用强氧化剂处理水样时所消耗氧化剂的量,以 O_2,$mg \cdot L^{-1}$ 来表示。化学需氧量反映了水体受还原性物质污染的程度。水中还原性物质包括有机物、亚硝酸盐、亚铁盐、硫化物等。水被有机物污染是很普遍的,因此化学需氧量也作为有机物相对含量的指标之一。对于工业废水COD的测定,国家标准(GB)规定用重铬酸钾法。

在强酸性溶液中,一定量的重铬酸钾氧化水样中还原性物质,过量的重铬酸钾以试亚铁灵作指示剂、用硫酸亚铁铵溶液回滴。根据用量即可算出水样中的COD值。

三、仪器与试剂

(1)仪器:带250 mL锥形瓶的全玻璃回流装置、变阻电炉、酸式滴定管、烧杯、锥形瓶、容量瓶、移液管。

(2)试剂:重铬酸钾、邻二氮杂菲(又称邻菲咯啉)、硫酸亚铁、硫酸亚铁铵、浓硫酸、硫酸银、硫酸汞。

四、实验步骤

1.溶液的配制

(1)重铬酸钾标准溶液($C_{\frac{1}{6}K_2Cr_2O_7}=0.2500\ mol \cdot L^{-1}$):称取预先在120 ℃烘了2 h的基准级或优级纯重铬酸钾12.258 g溶于水中,移入1000 mL容量瓶,加水稀释至刻度,摇匀。

(2)试亚铁灵指示液:称取1.485 g邻二氮杂菲(又称邻菲咯啉,1,10-phenanthroline),0.695 g硫酸亚铁($FeSO_4 \cdot 7H_2O$)溶于水中,稀释至100 mL,储存于棕色瓶内。

(3)硫酸亚铁铵标准溶液:称取39.5 g硫酸亚铁铵溶于水中,边搅拌边缓慢加入20 mL浓硫酸,冷却后移入1000 mL容量瓶中,加水稀释至刻度,摇匀。临用前,用重铬酸钾标准溶液标定。

(4)硫酸-硫酸银溶液:于500 mL浓硫酸中加入5 g硫酸银,放置1~2 h,不时摇动使其溶解。

2. 硫酸亚铁铵的标定

准确吸取 10.00 mL 重铬酸钾标准溶液于 500 mL 锥形瓶中，加水稀释至 110 mL 左右，缓慢加入 30 mL 浓硫酸，混匀。冷却后，加入 3 滴试亚铁灵指示液，用硫酸亚铁铵标准溶液滴定，溶液的颜色由黄色经蓝绿色至红褐色即为终点。浓度计算公式为

$$c=\frac{0.2500\times10.00}{V}$$

式中：c——硫酸亚铁铵标准溶液的浓度，mol/L；

V——硫酸亚铁铵标准滴定溶液的用量，mL。

2. 水样的测定

(1)取 20.00 mL 废水样(或适量废水样稀释至 20.00 mL)置于 250 mL 磨口的回流锥形瓶中，准确加入 10.00 mL 重铬酸钾标准溶液及数粒小玻璃珠或沸石，连接磨口回流冷凝管，从冷凝管上口慢慢地加入 30 mL 硫酸-硫酸银溶液，轻轻摇动锥形瓶使溶液混匀，加热回流 2 h(自开始沸腾时计时)。

(2)冷却后，用 90 mL 水冲洗冷凝管壁，取下锥形瓶。此时，溶液总体积不得少于140 mL，否则因酸度太大，滴定终点不明显。

(3)溶液再度冷却后，加 3 滴试亚铁灵指示液，用硫酸亚铁铵标准溶液滴定，溶液的颜色由黄色经蓝绿色至红褐色即为终点，记录硫酸亚铁铵标准溶液的用量。

(4)测定水样的同时，以 20.00 mL 重蒸馏水，按同样操作步骤作空白试验。记录滴定空白时硫酸亚铁铵标准溶液的用量。

五、数据记录与计算

水中 COD 值的计算

$$COD_{Cr}=\frac{(V_0-V_1)\times c\times8\times1000}{V}\quad(O_2,mg\cdot L^{-1})$$

式中：c——硫酸亚铁铵标准溶液的浓度，$mol\cdot L^{-1}$；

V_0——滴定空白时硫酸亚铁铵标准溶液用量，mL；

V_1——滴定水样时硫酸亚铁铵标准溶液的用量，mL；

V——水样的体积，mL；

8——1/2 O 的摩尔质量，$g\cdot mol^{-1}$。

六、注意事项

(1)在水样测定中，对于化学需氧量高的废水样，可先取上述操作所需体积 1/10 的废水样和试剂于 15 mm×150 mm 硬质玻璃试管中，摇匀，加热后观察是否变成绿色。如溶液显绿色，在适当减少废水取样量，直至溶液不变绿色为止，从而确定废水样分析时应取用的体积。稀释时，所取废水样量不得少于 5 mL，如果化学需氧量很高，则废水应多次稀释。

(2)水样中 Cl^- 含量超过 30 $mg\cdot L^{-1}$ 时应先把 0.4 g 硫酸汞加入回流锥形瓶中，再加 20.00 mL水样摇匀。以下操作同“水样的测定”。若氯离子浓度较低，亦可少加硫酸汞，使硫酸汞与氯离子的质量比保持为 10∶1。若出现少量氯化汞沉淀，也并不影响测定。

(3)水样取用体积可在10.00～50.00 mL，但试剂用量及浓度需按表24－1进行相应调整，也可得到满意的结果。

表24－1 水样取用量和试剂用量表

水样体积/mL	0.04167 mol/L K_2CrO_7溶液/mL	H_2SO_4－$AgSO_4$溶液/mL	H_2SO_4/g	$[(NH_4)_2Fe(SO_4)_2]$/(mol/L)	滴定前总体积/mL
10.0	5.0	15	0.2	0.050	70
20.0	10.0	30	0.4	0.100	140
30.0	15.0	45	0.6	0.150	210
40.0	20.0	60	0.8	0.200	280
50.0	25.0	75	1.0	0.250	350

(4)对于化学需氧量小于50 mg·L^{-1}的水样，应改用0.0250 mol·L^{-1}的重铬酸钾标准溶液，回滴时用0.01 mol·L^{-1}硫酸亚铁铵标准溶液。

(5)COD值的测定结果应保留三位有效数字。

七、思考题

(1)回流时加入硫酸-硫酸银溶液的作用是什么？

(2)根据实验内容简述影响水样COD值测定的因素有哪些？

实验 25 酸性橙Ⅱ染料的合成及染色

一、实验目的

(1)通过实验,加深对重氮化、偶合反应的理解。
(2)掌握重氮盐制备时应严格控制的操作条件。
(3)了解纺织品的还原性染色、还原清洗、漂白过程。

二、实验原理

1.酸性橙Ⅱ染料的结构、性质和用途

酸性橙Ⅱ染料(中文名2-萘酚偶氮对苯磺酸钠),结构如图25-1所示,分子式为$C_{16}H_{11}N_2NaO_4S$,金黄色粉末,溶于水呈红光黄色,溶于乙醇呈橙色,于浓硫酸中为品红色,将其稀释后生成棕黄色沉淀。其水溶液加盐酸生成棕黄色沉淀,加氢氧化钠呈深棕色。它是一种偶氮类染料。分子中的磺酸基是极性的,因而能与纤维上的极性位置相结合,结合紧密。其主要用于蚕丝、羊毛织品的染色,也可用于皮革、纸张的染色;在甲酸浴中可染锦纶。该品可在毛、丝、锦纶上直接印花,也可用作指标剂和生物着色。

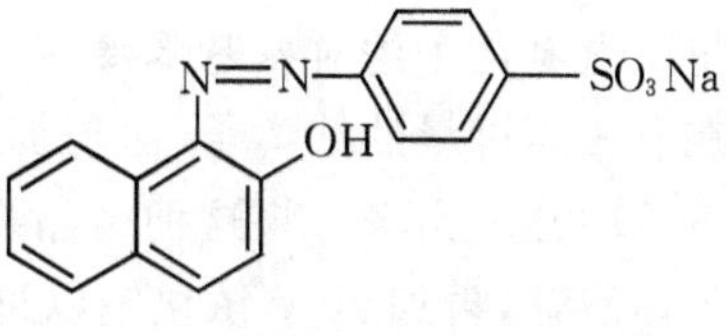

N=N—C6H4—SO3Na, OH (naphthalene)

图25-1 酸性橙Ⅱ染料结构图

2.合成的原理

(1)对氨基苯磺酸的重氮化:

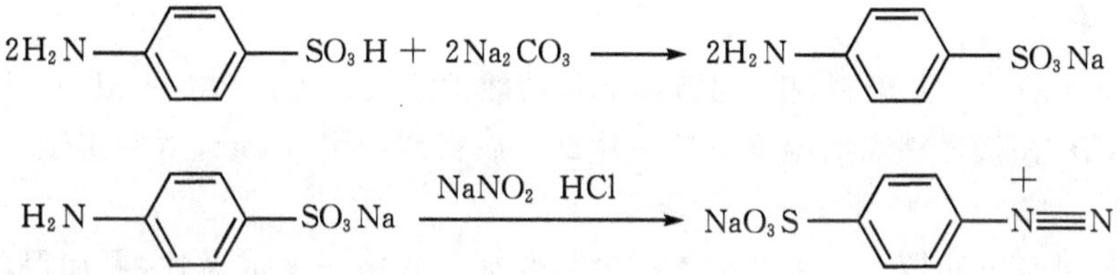

$$2H_2N-C_6H_4-SO_3H + 2Na_2CO_3 \longrightarrow 2H_2N-C_6H_4-SO_3Na$$

$$H_2N-C_6H_4-SO_3Na \xrightarrow{NaNO_2\ \ HCl} NaO_3S-C_6H_4-\overset{+}{N}\equiv N$$

(2)2-萘酚的偶联:

$$\text{2-萘酚(OH)} \xrightarrow[NaOH]{} \text{1-(4-}SO_3Na\text{-苯基偶氮, }N=N\text{)-2-萘酚(OH)}$$

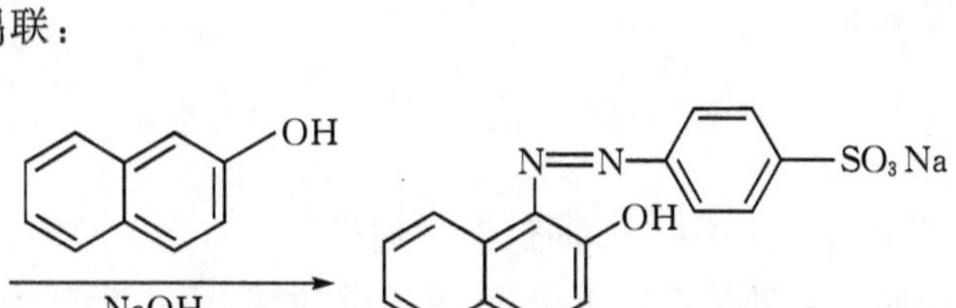

三、仪器与试剂

(1)仪器:电炉、循环水式真空泵、布氏漏斗、抽滤瓶、烧杯、锥形瓶、烧瓶。

(2)试剂:4-苯胺磺酸(对氨基苯磺酸)、2-萘酚(β-萘酚,2-羟基萘,乙萘酚)、2.5% 碳酸钠、盐酸、亚硝酸钠、氢氧化钠、保险粉(连二亚硫酸钠,强还原剂,一级遇湿易燃物品)。

四、实验步骤

1.对氨基苯磺酸的重氮化

在一 125 mL 的锥形瓶中(瓶口小,易爆沸),将 4.8 g 对氨基苯磺酸结晶(慢慢加入)溶解在沸腾的 50 mL 2.5%碳酸钠溶液里。将溶液冷却(必须冷却,否则得不到白色重氮盐),再加入 1.9 g 亚硝酸钠搅拌使之溶解。将此溶液倒入装有约 25 g 冰(1 块)及 5 mL 浓盐酸的烧瓶中,在 1~2 min 内应有粉状白色的重氮盐沉淀析出,用淀粉-碘化钾试纸检验,保持溶液温度在 0~5 ℃,放置 15 min,以保证反应完全。此物料准备后面使用,产物不用收集。

2. 2-萘酚的偶联

在一 400 mL 烧杯里将 3.6 g 2-萘酚溶于 20 mL 冷的 10%氢氧化钠溶液中,并在搅拌下将从重氮化了的对氨基苯磺酸的悬浮体倒入此溶液中(并冲洗之)。偶联发生得很快,由于存在着相当过量的钠离子(由于加入碳酸钠、亚硝酸钠和碱所产生的),染料很容易以钠盐形式从溶液中分离出来。将这种结晶浆彻底搅拌使之很好混合,在 5~10 min 后将此混合物加热至固体溶解,再加 10 g 氯化钠以进一步减小产物的溶解度,加热并在搅拌下使它完全溶解,再将此静置稍稍冷却后,用冰水浴冷却。减压抽滤,用饱和氯化钠溶液把物料从烧杯中洗出来,洗去滤饼上的暗色母液。产物滤出后慢慢地干燥之,它含有约 20%氯化钠。

3.精制

对所得粗产物进行重结晶纯化,这一固体的偶氮染料在水中的溶解度太大而不能从水中结晶出来,可以加饱和氯化钠溶液于已经滤过的热水中,再冷却,即得到满意的晶形。最好的结晶是从乙醇水溶液中得到。从乙醇水溶液中分离出来的酸性橙Ⅱ染料带有二分子结晶水。如果在 120 ℃干燥时失去结晶水则此产物变成火红色。

4.染色试验

(1)用 0.5 g 酸性橙Ⅱ染料(粗产品),5 mL 硫酸钠溶液(1∶10),300 mL 水及 5 滴浓硫酸一起配成染料浴,在接近沸点的温度下把一片试布放在浴中浸 5 min,然后将试布捞出并让它冷却。

(2)将这片染过的布取一半重新放入浴中加碳酸钠将溶液变成碱性,再加保险粉(连二亚硫酸钠)至浴的颜色根除为止。

五、注意事项

(1)重氮化和偶合反应均需在 0~5 ℃的低温下进行。

(2)偶合反应也要控制在较低的温度下进行,要不断搅拌,还要控制反应介质的 pH 值。

(3)对氨基苯磺酸通常含有两个分子的结晶水。由于它是两性化合物,且酸性比碱性强,所以它以酸性内盐的形式存在。

(4)淀粉-碘化钾试纸若不显蓝色,可以补加少量亚硝酸钠,直到试纸刚呈蓝色。若亚硝酸钠过量,能加速重氮盐分解,可用尿素使亚硝酸分解。

六、思考题

(1)什么叫重氮化反应？在本实验制备重氮盐时，为什么要把对氨基苯磺酸变成钠盐？如改成先将对氨基苯磺酸与盐酸混合，再滴加亚硝酸钠溶液进行重氮化反应，可以吗？为什么？

(2)什么叫偶联反应？试结合本实验讨论偶联反应的条件。

(3)用酸性橙Ⅱ染料染色过的布，重新放入浴中加碳酸钠将溶液变成碱性，再加保险粉至浴的颜色会褪除，为什么？

实验 26　活性染料染色上染百分率的测定

一、实验目的

（1）掌握上染百分率的测试原理及方法。

（2）掌握紫外可见光测试分析系统的使用方法。

二、实验原理

在一定温度下染色时，纤维或织物上的染料量将逐渐增加，染液中的染料量则逐渐下降，纤维/织物上染料量占原染液中染料总量的百分率即为上染百分率。

本实验采用残液法测试染料在染色过程中的上染百分率，在染料的最大吸收波长下，通过测定染色原液的吸光度值和染色残液的吸光度值，根据公式计算出上染百分率。

$$\frac{A_0 - A_i}{A_0} \times 100\%$$

其中：A_0——染色原液的吸光度值；

A_i——染色残液吸光度值。

三、仪器与试剂

（1）仪器：紫外可见分光光度计、恒温水浴锅、染杯、烧杯、表面皿、量筒、移液管、温度计、容量瓶。

（2）试剂：丝光漂白棉织物、活性艳红、食盐、纯碱、皂片。

四、实验步骤

1. 活性艳红染料最大吸收波长（λ_{max}）的测定

（1）称取 0.02 g 染料于烧杯中，用少量蒸馏水调至均匀后加入蒸馏水使染料溶解，然后将染液移入 250 mL 容量瓶中，用蒸馏水稀释至刻度。

（2）将紫外可见光光度计的检测器换为标准检测器后，开机，仪器预热 15 min 后，调至扫描模式，纵坐标选定为吸光度，并设置横坐标波长范围。

（3）用移液管吸取步骤（1）中染液 2.5 mL 于 50 mL 容量瓶中并用蒸馏水稀释至刻度，用紫外可见光光度计上扫描其吸收光谱。以波长为横坐标，吸光度为纵坐标作图，得出该染料的最大吸收波长（λ_{max}）。

2. 按照实验处方配制染液，并测定标准染液的吸光度 A_0

（1）实验处方：染料 2%（owf）、食盐 40 $g \cdot L^{-1}$、纯碱 10 $g \cdot L^{-1}$、浴比 50∶1。

（2）工艺曲线如图 26-1 所示。

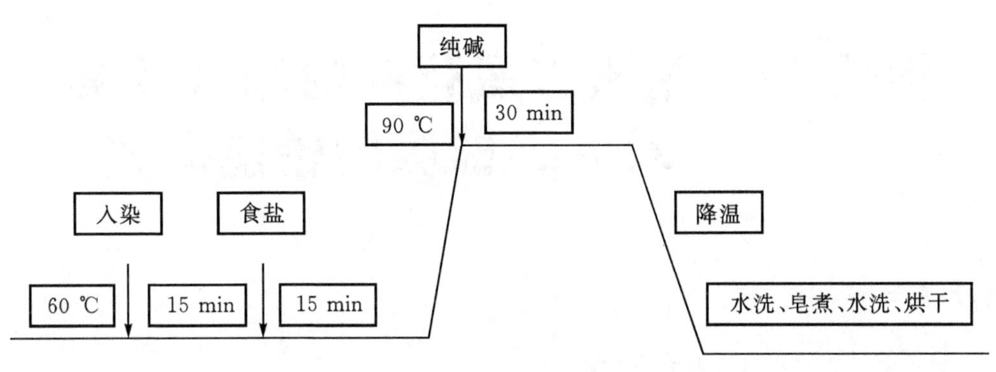

图 26-1　工艺曲线图

(3)将紫外可见光测试分析系统调至定波长测试模式,波长设定为染色用染料的最大吸收波长。

(4)按照实验工艺处方配制染色用染液,并将其作为标准染液,稀释 n 倍之后在染料的最大吸收波长(λ_{max})下利用紫外可见光光度计测定标准染液的吸光度值 A_0。

3.染色过程中某一时刻染料上染百分率的测定

(1)用移液管吸取染色过程中某一时刻的染色残液 1 mL 于容量瓶中进行稀释,稀释倍数记为 m。在染料的最大吸收波长(λ_{max})下利用紫外可见光测试分析系统测定稀释之后的染液吸光度值 A_i。

(2)计算该时刻染料的上染百分率。

五、数据处理

$$上染百分率 = (1 - \frac{mA_i}{nA_0}) \times 100\%$$

其中:m——染色过程中某一时刻染液的稀释倍数;

n——标准染液的稀释倍数;

A_i——染色残液在最大吸收波长下的吸光度值;

A_0——标准染液在最大吸收波长下的吸光度值。

六、注意事项

(1)为了增加灯丝寿命,紫外可见光测试分析系统在使用前需预热 15 min 以上。

(2)吸光度的测试过程中,若出现数值未大于 0.8 时,则需增大稀释倍数;若出现数值小于 0.2 时,则需减少稀释倍数。

(3)吸光度的测定过程中,需注意比色皿的放置,光滑的一面应保持清洁。

(4)测试染料最大吸收波长(λ_{max})时,除荧光染料外,其它染料均设置在 380~720 nm。

七、思考题

(1)染色过程中上染速率曲线测定与绘制。

(2)半染时间的确定和意义。

实验 27 纳米二氧化硅的制备及其对 Ag^{+} 的吸附性能研究

一、实验目的

(1)掌握纳米二氧化硅的制备方法。

(2)掌握吸附曲线的绘制。

(3)熟悉 Ag^{+} 的定量分析方法。

二、实验原理

1. 纳米二氧化硅的制备

纳米二氧化硅(SiO_2)为无定型白色粉末,是一种无毒、无味、无污染的无机非金属材料。颗粒尺寸小,比表面积大,在生物医学、催化、功能材料、化妆品、陶瓷、涂料和油漆等工业领域有着很广泛的应用。

正硅酸乙酯在碱的催化作用下,与水反应,通过一系列水解、聚合等过程,生成二氧化硅,反应式为

$$SiO(C_2H_5)_4+4H_2O \xlongequal{} Si(OH)_4+4C_2H_5OH$$

$$Si(OH)_4 \xlongequal{} SiO_2+2H_2O$$

$Si(OH)_4$ 在乙醇和水的混合溶液中,由于体系的碱度降低从而诱发硅酸根的聚合反应,转化为硅羟基—OH,在它的表面吸附有大量的水,如果失水,这种硅氧结合就会迅速发生,形成 Si—O—结构,迅速增长成粗大的颗粒。极性分子乙醇的存在起到了阻隔作用,形成硅氧联结,从而制得小颗粒的 SiO_2。

2. 吸附性能研究

随着现代工业的发展,环境污染问题给人们的生活带来了很大的影响。重金属,如汞、钨、铬、铅、银、铜、镍、镉等,由于毒性比较显著,其污染引起了人们的极大关注。环境中的重金属主要来自于生产过程中排出的废水没有得到及时的治理,而流入到自然界中,危害人们的健康与生活。

重金属的去除方法有很多种,如化学沉淀法、氧化还原法、离子交换法、电解法、吸附法等。吸附法中所采用的无机纳米吸附剂,因为其巨大的比表面积、化学与机械的稳定性、吸附能力强等特点,在处理水体中重金属污染中得到了广泛的应用。

纳米二氧化硅对 Ag^{+} 有较强的吸附作用,本实验以纳米二氧化硅为载体,研究银离子浓度、吸附时间及吸附温度对其负载银的能力的影响,进而绘制出吸附曲线。

(1)负载能力。

负载能力 S 定义为每 100 g SiO_2 负载银的克数,用一定量的 SiO_2 吸附一定量已知浓度的

Ag^+溶液，就可以用充分吸附后的滤液中的 Ag^+ 量来确定 SiO_2 的负载能力。

(2)Ag^+浓度的确定。

在含有 Ag^+ 的滤液中，加入适量的稀硝酸，以铁铵矾作指示剂，用 NH_4SCN 的标准溶液滴定，首先析出 AgSCN 白色沉淀，当 Ag^+ 完全沉淀后，稍过量的 SCN^- 与 Fe^{3+} 生成红色 $[Fe(SCN)]^{2+}$，指示终点到达。滴定中应控制铁铵矾的用量，使 Fe^{3+} 浓度保持在 0.0015 mol·L^{-1} 左右，直接滴定时应充分摇动溶液。反应式如下

$$Ag^+ + SCN^- = AgSCN\downarrow(白色)$$

$$SCN^- + Fe^{3+} = [Fe(SCN)]^{2+}(红色)$$

三、仪器与试剂

(1)仪器：烧杯、水浴锅、烘箱、电子天平、电磁搅拌器、酸式滴定管、锥形瓶。

(2)试剂：正硅酸乙酯、硝酸银、乙醇、氨水、铁铵矾指示剂、NH_4SCN 标准溶液、硝酸。

四、实验步骤

1.纳米二氧化硅的制备

将一定量的水和乙醇混合搅拌，滴入正硅酸乙酯和氨水(氨水 1.0 mol·L^{-1}，乙醇 3.0 mol·L^{-1}，正硅酸乙酯 300 mL)，搅拌 60 min，静置一段时间即分层得到二氧化硅沉淀，将二氧化硅沉淀洗涤，抽滤，100 ℃干燥得到白色轻质的 SiO_2 粉末。

2.硝酸银溶液的配制

准确称量一定量硝酸银，配制成质量浓度分别为 200、400、600、800、1000、1200 mg·L^{-1}的 $AgNO_3$ 溶液。

3.硝酸银原始浓度对负载能力的影响

分别取 2.5 g 纳米 SiO_2 加入 250 mL 上述各溶液中，在 30 ℃缓慢搅拌 2 h 后，过滤，分析滤液中 Ag^+ 浓度，考察 SiO_2 吸附能力与 $AgNO_3$ 溶液原始浓度间的关系。

4.吸附时间对负载能力的影响

分别取 2.5 g 纳米 SiO_2 加入 250 mL 的 1000 mg·L^{-1}的 $AgNO_3$ 溶液中，在 40 ℃分别吸附 0.5、1、1.5、2、2.5、3、3.5 h 后，过滤，分析滤液中 Ag^+ 浓度，考察 SiO_2 吸附量与吸附时间的关系。

5.吸附温度对负载能力的影响

分别取 2.5 g 纳米 SiO_2 加入 250 mL 的 1000 mg·L^{-1}的 $AgNO_3$ 溶液中，分别在 20 ℃、30 ℃、40 ℃、50 ℃、60 ℃各吸附 2 h，过滤，分析滤液中 Ag^+ 浓度，考察 SiO_2 吸附量与吸附温度的关系。

6.银离子浓度的测定

向含有 Ag^+ 的滤液中，加入适量的 HNO_3 溶液，以铁铵矾做指示剂，用 NH_4SCN 的标准溶液滴定，首先析出 AgSCN 白色沉淀，当 Ag^+ 完全沉淀后，稍过量的 SCN^- 与 Fe^{3+} 生成红色的 $[Fe(SCN)]^{2+}$，指示终点到达。滴定中应控制铁铵矾的用量，使 Fe^{3+} 浓度保持在

0.0015 $mol \cdot L^{-1}$左右，直接滴定时应充分摇动溶液。

五、数据处理

列表记录实验数据，计算各实验条件下的 SiO_2 负载能力。在同一坐标系中绘制 SiO_2 吸附量与吸附时间的关系曲线，SiO_2 吸附量与吸附温度的关系曲线，SiO_2 吸附能力与 $AgNO_3$ 溶液原始浓度间的关系曲线。

六、注意事项

(1)在洗涤 SiO_2 的过程中，用乙醇和水反复多次洗涤。

(2)在 Ag^+ 测定过程中，溶液的 pH 值须保持在 0～1。

七、思考题

(1)本实验用什么方法测定 SiO_2 负载量？

(2)SiO_2 的粒度、比表面积对 Ag^+ 的吸附能力有何依赖关系？

实验28　介孔 TiO_2/SiO_2 复合材料对铅离子吸附量的测定

一、实验目的

(1)了解紫外可见分光光度法检测铅离子含量的方法。

(2)了解介孔 TiO_2/SiO_2 复合材料的制备方法。

二、实验原理

溶胶-凝胶法就是用含高化学活性组分的化合物作前驱体,在液相下将这些原料均匀混合,并进行水解、缩合化学反应,在溶液中形成稳定的透明溶胶体系,溶胶经陈化胶粒间缓慢聚合形成凝胶。水热反应常用氧化物、凝胶等作为前躯体,以一定的填充比进入反应釜,它们在加热过程中溶解度随温度升高而增大,最终导致溶液过饱和,并逐步形成更稳定的新相。反应过程的驱动力是最后可溶的前躯体或中间产物溶解度的差。

当物质中的分子和原子吸收了入射光中的某些特定波长的光能量,相应地发生能级跃迁。各种物质有不同的分子、原子和不同的分子空间结构,其吸收光能量也就不会相同。因此,每种物质具有特有的、固定的吸收光谱曲线,可根据吸收光谱中的某些特定波长处的吸光度的大小,测定该物质的含量。当入射光的波长、强度以及溶液温度等因素不变的情况下,该溶液吸光度与溶液厚度的乘积成正比(郎伯-比尔定律)。

Pb^{2+} 与二甲酚橙(XO)在 pH 值为 5.5 条件下,可形成稳定的显色螯合物 PbXO,该物质在波长 535 nm 处有最大吸光度,将此波长作为测定波长。

三、仪器与试剂

(1)仪器:磁力搅拌器、自动程控烘箱、聚四氟乙烯反应釜、恒温振荡器、电子天平、紫外可见分光光度计、烧杯、比色管。

(2)试剂:甲醇、乙酸、尿素、聚乙二醇、钛酸丁酯、甲氧基硅烷、硝酸铅、十六烷基三甲基溴化铵(CTAB)、二甲酚橙、六次甲基四胺、氢氧化钠、硝酸。

四、实验步骤

1. 纳米 TiO_2/SiO_2 复合材料的制备

将 0.9 g 的尿素溶于甲醇和冰醋酸(6∶1)的混合溶液中,再加入 0.88 g 的聚乙二醇,搅拌至完全溶解,将 4 mL 的钛酸丁酯,逐滴加入到上述混合溶液中,然后按比例加入四甲氧基硅烷,Si/Ti 摩尔比为 0.3。搅拌 30 min 后,在 40 ℃放置 24 h,形成凝胶,将凝胶在 200 ℃水热 2 h后再 400 ℃煅烧 4 h 得到 SiO_2/TiO_2 复合材料。

2. 铅离子浓度的测定

在 25 mL 具塞比色管中加入 10 $\mu g\cdot mL^{-1}$的铅离子标准溶液，4.0 mL 的 pH 值为 5.5 的六次甲基四胺缓冲溶液，1.2 mL 浓度为 2.0 $g\cdot L^{-1}$的 XO 溶液和 1.2 mL 浓度为 2.0 $g\cdot L^{-1}$的 CTAB 溶液，用超纯水定容、摇匀，在室温下反应 15 min，以试剂空白做参比在波长 535 nm 处测定吸光度 A。

3. 铅离子吸附实验

在 10 mL 的浓度为 100 $\mu g\cdot mL^{-1}$的 Pb^{2+} 水溶液中加入一定量制备好的 TiO_2/SiO_2 复合材料，用 2 $mol\cdot L^{-1}$的 HNO_3 和 2 $mol\cdot L^{-1}$的 NaOH 溶液调节 pH 值，在一定温度下振荡吸附后，静置 10 min，离心分离取上层清液测定吸光度 A，在此实验过程中采用控制变量法。

(1)酸度对吸附率的影响：分别在 pH 值为 2、3、4、5、6、7 的 Pb^{2+} 溶液中加入 20 mg TiO_2/SiO_2复合材料，在 40 ℃的条件下，振荡 30 min 测其吸光度。

(2)吸附时间对吸附率的影响：在(1)确定最佳 pH 值下的 Pb^{2+} 溶液中加入 20 mg TiO_2/SiO_2复合材料，在 40 ℃的条件下，分别振荡吸附 5、10、15、20、25 及 30 min 测其吸光度。

(3)温度对吸附率的影响：在最佳 pH 值下的 Pb^{2+} 溶液中加入 20 mg TiO_2/SiO_2 复合材料，分别在 25 ℃、30 ℃、35 ℃、40 ℃、45 ℃的条件下，振荡吸附由(2)确定的最佳吸附时间，测其吸光度。

(4)吸附剂用量对吸附率的影响：在最佳 pH 值下的 Pb^{2+} 溶液中分别加入 5、10、15、20、25、30 mg TiO_2/SiO_2 复合材料，在最佳温度和吸附时间下，测其吸光度。

五、数据处理

(1)标准曲线方程。

$$A=a+bC \tag{28-1}$$

其中：A——吸光度；

C——溶液浓度，$\mu g\cdot mL^{-1}$。

(2)Pb^{2+}的吸附率按式(28－2)计算。

$$吸附率=\frac{C_0-C}{C_0}\times 100\% \tag{28-2}$$

其中：C_0——吸附之前 Pb^{2+} 的浓度，$\mu g\cdot mL^{-1}$；

C——吸附之后溶液中 Pb^{2+} 的浓度，$\mu g/mL$。

(3)Pb^{2+}的饱和吸附量按式(28－3)计算。

$$饱和吸附量=\frac{m_0-m_1}{m} \tag{28-3}$$

其中：m_0——吸附前 Pb^{2+} 的量，mg；

m_1——吸附前 Pb^{2+} 的量，mg；

m——吸附剂的量，g。

六、注意事项

(1)在用溶胶凝胶法制备 TiO_2/SiO_2 的过程中，需要在无水环境中进行。

(2)在测定标准曲线的时候，参比溶液应选取无铅且含有二甲酚橙的溶液。

七、思考题

(1)pH 值为 5.5 的六次甲基四胺缓冲溶液的作用是什么？

(2)根据实验内容简述影响 Pb^{2+} 吸附的因素有哪些。

实验 29 多孔炭的制备及对亚甲基蓝的吸附性能研究

一、实验目的

(1)掌握花生壳基多孔炭的制备方法。

(2)通过实验加深理解多孔炭吸附的基本原理。

(3)熟练掌握多孔炭吸附亚甲基蓝的测定方法。

二、实验原理

多孔炭是一种多孔性含碳材料,具有丰富的孔隙结构、巨大的比表面积和优良的吸附性能,被广泛应用于环保、食品、医药、化工等领域。近年来,随着人们对环保问题的日益重视,各行业对多孔炭的需求逐年增加。目前,制备多孔炭的原料主要为植物性木质原料、煤炭原料、石油原料等,这类原料成本较高,给广泛应用带来困难,而农业副产品大都具有一定的含碳量,且廉价易得,是一类优良的多孔炭生产原料。花生壳作为农业副产品中的一种,其产量巨大,目前大部分花生壳并未被有效利用,因此以花生壳为原料制备高性能多孔炭,并研究产品在吸附领域的应用具有重要意义。

亚甲基蓝(化学式:$C_{16}H_{13}ClN_3S$,分子量:319.86)是一种芳香杂环化学物,属于阳离子型染料和碱性染料,外观为发亮的深绿色结晶或细小深褐色粉末,带青铜光泽,无气味,溶于水,水溶液为天蓝色,溶于乙醇,溶液为蓝色,溶于氯仿,不溶于乙醚和苯。亚甲基蓝在空气中较稳定,其水溶液呈碱性,有毒。亚甲基蓝可使麻、蚕丝织物、棉布着色,也可用来治疗正铁血红蛋白血症和硝基苯、亚硝酸盐、氰化物中毒,也可以用作分析鉴定中的指示剂。所以其广泛应用于染料、生物染色剂、化学指示剂和药物等方面。

亚甲基蓝是印染废水中主要的污染物之一。亚甲基蓝是一种低毒物质,但是如果不小必摄入一定剂量,就会引起恶心、腹痛、心前区痛、眩晕、头痛、出汗和神志不清等不良反应。在生态环境上,如果亚甲基蓝排入水中,则会导致水体的透光度下降,水化植物能进行的光合作用也随着下降,进而影响水中的生态平衡。处理亚甲基蓝的方法有很多,例如化学氧化法、膜分离、生物降解法、光降解法和吸附法等。本实验采用多孔炭来去除这种污染,同时考察花生壳多孔炭对有机染料的吸附能力。

多孔炭处理工艺在水处理研究中的应用主要是利用多孔炭的物理吸附、化学吸附、氧化、催化氧化和还原等性能来有效地去除水中污染物。水处理过程中使用的多孔炭有粉末炭和粒状炭两类。多孔炭吸附法广泛用于给水处理及废水二级处理出水的深度处理。多孔炭吸附的主要性能参数是吸附容量和吸附速率。吸附容量是单位质量多孔炭达到吸附饱和时能吸附的溶质量,和原料、制造过程及再生方法有关。吸附容量越大,所用多孔炭越省。吸附速率是指单位质量多孔炭在单位时间内能吸附的溶质量。在吸附过程中,多孔炭比表面积和孔容量直接影响吸附容量。同时，被吸附物质在溶剂中的溶解度、pH 值的高低、温度变化和被吸附物质的浓度、分散程度则对吸附速率有重要影响。

本实验采用 KOH 为活化试剂，将花生壳在一定温度下进行处理制备高比表面积、高孔容量的多孔炭，将得到产品用于后续对亚甲基蓝的吸附研究。

三、仪器与试剂

(1)仪器：分析天平、振荡器、紫外-可见分光光度计、烘箱、马弗炉、酸度计、磁力搅拌器、真空泵、量筒、烧杯、磁子、坩埚、研钵。

(2)试剂：花生壳、氢氧化钾(KOH)、亚甲基蓝。

四、实验步骤

1. 花生壳多孔炭的制备

首先将花生壳粉碎研磨后过 100 目筛。然后称取一定量粉碎研磨后的花生壳，再按花生壳与 KOH 质量比(g/g)为 1∶1、1∶2、1∶4 称取相应质量的 KOH。将花生壳与 KOH 放在坩埚内混合均匀后放入马弗炉中，将马弗炉升温至 400 ℃，预活化 60 min 后，继续升温至 900 ℃。进行活化反应 120 min 后，将坩埚取出自然冷却至室温，将活化后的样品用 0.1 mol·L^{-1}盐酸酸洗，再用蒸馏水洗涤至中性，得到多孔炭产品。将多孔炭放入烘箱中，120 ℃烘干 6 h，用于后续亚甲基蓝的吸附实验研究。

2. 多孔炭对亚甲基蓝的吸附性能测试

(1)亚甲基蓝标准曲线的绘制。

准备配制一系列不同浓度 2.0、4.0、8.0、10.0、12.0、14.0 和 16.0 mg·L^{-1}的亚甲基蓝水溶液，测定样品在 664 nm 处的吸光度，用于实验后绘制吸光度-浓度的标准曲线。

(2)多孔炭对孔雀石绿的吸附测试。

准备配制 50、100 和 150 mg·L^{-1}三种不同浓度的亚甲基蓝绿溶液。取 50 mL 上述溶液于 100 mL 锥形瓶中，加入 0.01 g 多孔炭样品(不同活化比的多孔炭)，将待吸附的溶液置于磁力搅拌上，室温下吸附 60 min。吸附达平衡后，将溶液过滤，取 10 mL 滤液于比色皿中，滤液用分光光度计在亚甲基蓝最大吸收波长(664 nm)处测其吸光度，通过标准曲线法确定亚甲基蓝浓度。亚甲基蓝去除率和吸附量分别按式(29－1)和式(29－2)计算。

$$\eta=(1-\frac{c_t}{c_0})\times 100\% \tag{29-1}$$

$$q=\frac{(c_0-c_t)V}{M} \tag{29-2}$$

式中：η——亚甲基蓝的去除率，%；

c_0——吸附前亚甲基蓝质量浓度，mg·L^{-1}；

c_t——吸附达到平衡后亚甲基蓝质量浓度，mg·L^{-1}；

q——亚甲基蓝吸附量，mg·g^{-1}；

V——亚甲基蓝溶液体积，L；

M——多孔炭的质量，g。

五、数据处理

(1)绘制亚甲基蓝的吸光度-浓度($A-c$)工作曲线(标准曲线)。

(2)根据吸附实验中不同实验条件下滤液的吸光度,计算溶液中亚甲基蓝的浓度,同时计算不同多孔炭对亚甲基蓝的吸附量。

六、思考题

(1)不同多孔炭样品对不同浓度亚甲基蓝的吸附量有何区别,分析其原因。哪种多孔炭、在什么实验条件下对亚甲基蓝的吸附量更大?

(2)实验结果受哪些因素影响较大,如何减小实验误差?

实验 30　球形花状结构氧化锡的制备及其乙醇传感性能测试

一、实验目的

(1)掌握水热法合成氧化物纳米粉体的原理与方法。

(2)熟悉水热法合成纳米 SnO_2 的方法与步骤。

(3)学会气敏测试仪的使用。

二、实验原理

氧化锡(SnO_2)是一种重要的 n-型半导体材料,其带隙宽度是 3.6 eV。由于其独特的光学、电学和化学性质,在锂离子电池、染料敏化太阳能电池、气敏传感器、光催化、透明电极等领域具有广泛的应用。制备超细 SnO_2 粉体的方法很多,有溶胶凝胶法、化学沉淀法、激光分解法、水热法等。

水热法是指在温度超过 100 ℃和相应压力(高于常压)条件下利用水溶液中物质间的化学反应合成化合物的方法。主要是指在高温、高压下一些氢氧化物在水中的溶解度大于对应的氧化物在水中的溶解度,于是氢氧化物溶入水中同时析出氧化物。水热法制备纳米氧化物微粉有许多优点,如产物直接为晶态,无需经过焙烧晶化过程,因而可以减少用其他方法难以避免的颗粒团聚,同时粒度比较均匀,形态比较规则。因此,水热法是制备纳米氧化物粉体的常用方法之一。

水热法反应制备纳米 SnO_2 粉体的反应机理:

首先是 $SnCl_4$ 水解:

$$SnCl_4 + 4H_2O \rightleftharpoons Sn(OH)_4 + 4HCl$$

形成无定形的 $Sn(OH)_4$ 沉淀,接着发生 $Sn(OH)_4$ 的脱水缩合和晶化作用,形成 SnO_2 纳米微晶。

$$nSn(OH)_4 \longrightarrow nSnO_2 + 2nH_2O$$

在还原性气氛中,传感器在测试气体中的灵敏度(Sr)为 R_a/R_g,其中 R_a 是在空气气氛中的传感器的电阻,R_g 是在测试气体气氛中传感器的电阻。其结构示意图如下:

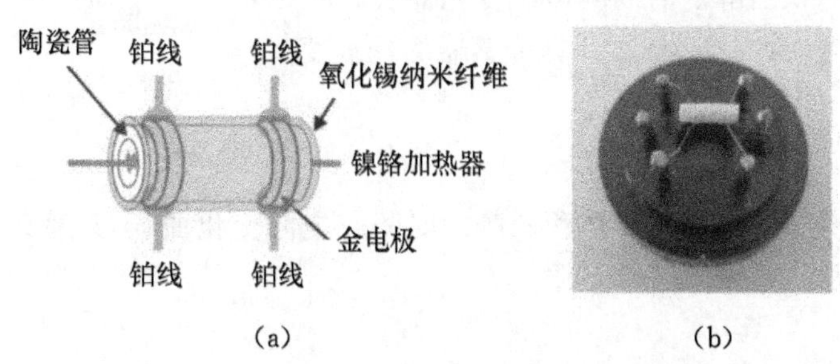

图 30-1　SnO_2 纳米纤维传感器结构示意图

三、仪器与试剂

(1)仪器:50 mL 水热反应釜(聚四氟乙烯衬里)、磁力搅拌器、电热鼓风干燥箱、马弗炉、酸度计、WS-30A 气敏元件测试系统、电子天平、、微量注射器。

(2)试剂:四氯化锡($SnCl_4 \cdot 5H_2O$)、氢氧化钠聚乙烯吡咯烷酮(PVP)、松油醇、乙醇。

四、实验步骤

1. 球形花状结构氧化锡的制备

称取 0.500 g $SnCl_4 \cdot 5H_2O$ 于 50 mL 烧杯中,再向其中依次加入 2 mL,6 $mol \cdot L^{-1}$ NaOH,0.5 g PVP 和 13 mL H_2O,搅拌形成清亮溶液,将该溶液转入具有聚四氟乙烯内衬的反应釜中。密封反应釜,在 200 ℃下反应 24 h,然后自然冷却至室温,得白色成淀,离心,分别用去离子水和无水乙醇依次洗涤 3 次,室温下,最终得到白色粉末状产物。

2. 气敏传感器件制备

(1)取前述实验制备的 SnO_2 材料,在玛瑙研钵中研磨 5 min。

(2)在研磨好的气敏气敏材料中滴入几滴松油醇,湿磨至不团聚,得到气敏浆料。

(3)用镊子将陶瓷管上的 Pt 丝拨开,放入方瓷舟中备用。

(4)用镊子夹住陶瓷管的两侧,用画笔蘸取少量气敏浆料,涂到陶瓷管中央,注意要涂覆均匀,至无空白瓷管为止,放入方瓷舟中,在烘箱中干燥 5 min。干燥后观察,气敏浆料需完全覆盖在陶瓷管外壁上,然后再用酒精棉将研钵清洗干净。

(5).将干燥后的陶瓷管放入马弗炉中,设定烧成温度为 600 ℃,并保温 2 h 后,自然冷却,取出瓷舟后,观察陶瓷管外壁上无气敏材料脱落,方可得到烧成的半导体气敏元件。

(6)用镊子、电烙铁将陶瓷管外壁上的四个 Pt 丝焊接到六角底座的外侧;将电阻丝穿入瓷管中,并焊接到六座的中央两极。用万用表各极间的电阻,并判断是否焊接好。

(7)将焊接好的气敏元件贴上标签,插到气敏元件老化台上。控制老化台的电压为 5 V 左右,记下时间,老化 7 天后备用。

3. 气敏传感性能测试

(1)打开仪器,设置参数(设置加热电压 5 V、测试电压 5 V、工作时间 300 s、虚拟电阻 4.7 MΩ、负载电阻 4.7 MΩ)。

(2)通过微量注射器注射不同体积的乙醇到测试室的加热板上,加热蒸发。

(3)测试不同体积乙醇的时间与电阻变化曲线。

(4)根据灵敏度(Sr)$=R_a/R_g$,计算传感器的灵敏度。

五、数据处理

列表记录实验数据,绘制不同体积乙醇的时间与电阻变化曲线,计算传感器的灵敏度,确定传感器的检测范围,检测上限和下限。

六、注意事项

(1)反应釜反应完成后,一定要冷却到室温,方可开启。
(2)传感器制备完成后需老化一段时间,才能进行测试。

七、思考题

(1)水热法作为一种非常规无机合成方法具有哪些优点?
(2)水热法制备纳米氧化物过程中,哪些因素影响产物的粒子大小及其分布?
(3)在氧化性气氛中,传感器在测试气体中的灵敏度(Sr)如何表达?
(4)工作温度的变化对传感器的气敏性能有何影响?

实验 31　Ag/SnO_2 复合材料的制备及其对不同气体的选择性测试

一、实验目的

(1)掌握纳米材料改性的方法,制备经金属离子掺杂的纳米氧化锡复合材料。

(2)掌握气敏功能材料主要性能参数的测试方法,测定金属离子掺杂的纳米氧化锡烧结气敏元件对有机气体的气敏特性。

二、实验原理

SnO_2 是一种半导体氧化物,它在传感器、催化剂和透明导电薄膜等方面具有广泛用途。纳米 SnO_2 具有很大的比表面积,是一种很好的气敏传感材料。

单纯的 SnO_2 气体传感器具有灵敏度低、响应时间长、工作温度高和选择性差等缺点,为了进一步提高其气敏性能,常常对其进行掺杂。掺杂物在气敏反应过程中作为催化剂能够提供表面活性点并优先吸附某种或某类目标气体分子,吸附的目标分子再与半导体表面结合后改变其电导性,从而实现对目标气体分子的检测,因此掺杂是提高半导体气敏传感器灵敏度和选择性的重要方法。

三、仪器与试剂

(1)仪器:50 mL 水热反应釜(聚四氟乙烯衬里)、磁力搅拌器、电热鼓风干燥箱、马弗炉、酸度计、WS－30A 气敏元件测试系统、电子天平、电烙铁、玛瑙研钵、微量注射器。

(2)试剂:锡酸钠($NaSnO_3 \cdot 3H_2O$)、氢氧化钠、氢氧化钠聚乙烯吡咯烷酮(PVP)、硝酸银、松油醇、甲醇、无水乙醇、丙三醇、正丁醇、异丁醇、乙二胺。

四、实验步骤

1. Ag/SnO_2 复合材料的制备

(1)3% Ag 掺杂 Ag/SnO_2 复合材料的制备。

准确称取 0.27 g $NaSnO_3 \cdot 3H_2O$ 及0.24 g NaOH于 50 mL 的小烧杯中,向其中加入15 mL去离子水,搅拌形成澄清溶液,再加入0.1 g PVP继续搅拌,溶解后再加 15 mL 无水乙醇和 0.0052 g $AgNO_3$ 形成乳白色溶液,将该溶液转入具有聚四氟乙烯内衬的反应釜中。密封反应釜,在 200 ℃的温度下反应 24 h,然后自然冷却至室温,得白色沉淀。离心后沉淀分别用去离子水和无水乙醇洗涤 3 次,50 ℃下干燥,最终得到白色粉末状产物。

(2)5% Ag 掺杂 Ag/SnO_2 复合材料的制备

准确称取 0.27 g $NaSnO_3 \cdot 3H_2O$ 及0.24 g NaOH于 50 mL 的小烧杯中,向其中加入

15 mL去离子水，搅拌形成澄清溶液，再加入 0.1 g PVP 继续搅拌，溶解后再加 15 mL 无水乙醇和 0.0086 g $AgNO_3$ 形成乳白色溶液，将该溶液转入具有聚四氟乙烯内衬的反应釜中。密封反应釜，在 200 ℃的温度下反应 24 h，然后自然冷却至室温，得白色沉淀。离心后沉淀分别用去离子水和无水乙醇洗涤 3 次，50 ℃下干燥，最终得到白色粉末状产物。

2. 气敏传感器件制备

(1)取前述实验制备的 Ag/SnO_2 复合材料，在玛瑙研钵中研磨 5 min。

(2)在研磨好的气敏气敏材料中滴入几滴松油醇，湿磨至不团聚，得到气敏浆料。

(3)用镊子将陶瓷管上的 Pt 丝拨开，放入方瓷舟中备用。

(4)用镊子夹住陶瓷管的两侧，用画笔蘸取少量气敏浆料，涂到陶瓷管中央，注意要涂覆均匀，至无空白瓷管为止，放入方瓷舟中，在烘箱中干燥 5 min。干燥后观察，气敏浆料需完全覆盖在陶瓷管外壁上，然后再用酒精棉将研钵清洗干净。

(5)将干燥后的陶瓷管放入马弗炉中，设定烧成温度为 600 ℃，并保温 2 h 后，自然冷却，取出瓷舟后，观察陶瓷管外壁上无气敏材料脱落，方可得到烧成的半导体气敏元件。

(6)用镊子、电烙铁将陶瓷管外壁上的四个 Pt 丝焊接到六角底座的外侧；将电阻丝穿入瓷管中，并焊接到六座的中央两极。用万用表各极间的电阻，并判断是否焊接好。

(7)将焊接好的气敏元件贴上标签，插到气敏元件老化台上。控制老化台的电压为 5 V 左右，记下时间，老化 7 天后备用。

3. 气敏传感性能测试

(1)打开仪器，设置参数(设置加热电压 5 V、测试电压 5 V、工作时间 300 s、虚拟电阻 4.7 MΩ、负载电阻 4.7 MΩ)。

(2)通过微量注射器注射不同体积的甲醇到测试室的加热板上，加热蒸发。

(3)测试不同体积甲醇的时间与电阻变化曲线。

(4)根据灵敏度(Sr)$=R_a/R_g$，计算传感器的灵敏度。

(5)重复上述步骤，依次测试传感器对无水乙醇、丙三醇、正丁醇、异丁醇、乙二胺的气敏性能。

五、数据处理

列表记录实验数据，绘制不同体积甲醇、无水乙醇、丙三醇、正丁醇、异丁醇、乙二胺的时间与电阻变化曲线，计算传感器对不同气体的灵敏度，确定传感器对不同气体的检测范围，检测上限和下限。列表作图比较 Ag/SnO_2 复合材料对不同气体相同浓度下的灵敏度，判断 Ag/SnO_2 复合材料对不同气体的选择性。

六、思考题

(1)影响传感器灵敏度的因素有哪些？

(2)半导体气敏元件使用前为什么要进行老化？

(3)复合材料的制备还有哪些方法？

实验 32　溶胶-凝胶法制备纳米 TiO_2 及其光催化性能研究

一、实验目的

(1)掌握溶胶-凝胶法制备纳米 TiO_2 的原理。

(2)掌握纳米 TiO_2 的光催化原理及光催化性能测试方法。

二、实验原理

二氧化钛作为一种重要的半导体材料,具有无毒、催化活性高、氧化能力强和使用寿命长等优异的物化性能,是一种公认的优良的半导体光催化剂,在催化、环保、医药等众多领域具有广泛的应用前景。与普通粉体材料相比,TiO_2 纳米材料具有更高的比表面积和化学活性,从而具有更大的应用潜力。纳米 TiO_2 的制备方法有气相法、水热法、微乳液法、溶胶-凝胶法等。在这些方法中,溶胶-凝胶法具有化学均匀性好、纯度高、易操作和成本低等优点,因此本实验采用此法制备纳米 TiO_2。

在溶胶-凝胶法中,采用钛酸丁酯[$Ti(OC_4H_9)_4$]为前驱物,无水乙醇(C_2H_5OH)为溶剂,冰醋酸(CH_3COOH)为螯合剂,先制备 TiO_2 溶胶,发生下列反应:

$$Ti(OC_4H_9)_4 + 4H_2O \longrightarrow Ti(OH)_4 + 4C_4H_9OH$$

$$Ti(OH)_4 + Ti(OC_4H_9)_4 \longrightarrow 2TiO_2 + 4C_4H_9OH$$

$$Ti(OH)_4 + Ti(OH)_4 \longrightarrow 2TiO_2 + 4H_2O$$

所得溶胶经一定时间陈化,烘干后,再在高温下煅烧,得到二氧化钛粉体。

半导体粒子的能带结构,通常情况下是由一个充满电子的低能价带和一个空的高能导带构成。它们之前由禁带分开。当光子能量高于半导体带隙能(如 TiO_2,其带隙能为 3.2 eV)的光照射半导体时,半导体的价带电子发生带间跃迁,即从价带跃迁到导带。从而使导带产生高活性的电子(e^-),而价带上则生成带正电的空穴(h^+),形成氧化还原体系,从而在催化剂表面产生具有高活性的羟基自由基(·OH),·OH 具有很强的氧化性,且无选择性,常温常压下短时间内可以将有机污染物完全降解至 CO_2、H_2O 和其他无机小分子,反应彻底,无二次污染。这就是光催化半导体技术处理有机废水的机理。

本实验首先采用溶胶-凝胶法制备纳米 TiO_2 粉体,以罗丹明 B 溶液模拟印染废水,考察合成纳米 TiO_2 粉体光催化降解罗丹明 B 溶液的性能。

三、仪器与试剂

(1)仪器:分析天平、离心机、离心管、超声波清洗器、磁力搅拌器、烘箱、马弗炉、300 W 汞灯、紫外-可见分光光度计、X -射线粉末衍射仪、多试管搅拌式光化学反应仪、量筒、烧杯、磁子、坩埚钳及坩埚、研钵。

(2)试剂：钛酸丁酯、无水乙醇、冰醋酸、去离子水、罗丹明B、盐酸、氢氧化钠。

四、实验步骤

1. 纳米 TiO_2 粉体的制备

量取10 mL钛酸丁酯于烧杯中，向其中加入20 ml无水乙醇，搅拌10 min，形成A混合液。量取10 mL无水乙醇于烧杯中，再加入5 mL冰醋酸和10 mL蒸馏水，搅拌中10 min，形成B混合液。在激烈搅拌下，将A液缓慢倾倒入B液中，得到淡黄色透明溶胶。继续搅拌，所得淡黄色透明溶胶逐渐水解为乳白色。静置3 h。将静置后的溶胶放入烘箱中烘干，得到淡黄色透明晶体。研磨所得晶体，得白色粉末。将所得白色粉末于马弗炉500 ℃温度下焙烧2 h，得纳米 TiO_2 粉体。

2. X射线衍射(XRD)结构表征

利用X射线粉末衍射仪对所制备的 TiO_2 粉体进行结构表征。测试条件如下：使用Cu Kα辐射源，入射波长为0.15406 nm，工作电压和电流分别为40 kV和250 mA，扫描速度 $8°\cdot min^{-1}$，扫描范围(2θ)5°～80°。测试完成后，通过利用MDI JADE软件进行数据处理，确定 TiO_2 晶体结构。

3. 光催化性能测定

(1)光催化实验方法。

首先，量取20 mL、10 $mg\cdot L^{-1}$ 的罗丹明B溶液于体积为50 mL的石英试管中，再称取一定量的 TiO_2 样品分散到罗丹明B溶液中，于暗处震荡30 min，使罗丹明B分子和半导体光催化剂表面建立起吸附脱附平衡，然后放到300 W汞灯下，进行测试。所有实验均在室温下进行，照射一定时间后取出，用高速离心的办法将光催化剂与溶液进行分离，取上层清液用紫外可见分光光度计进行分析测定。

(2)罗丹明B降解率计算。

先用紫外可见分光光度计对罗丹明B进行全波段(190～800 nm)扫描，确定罗丹明B的最大吸收波长(554 nm)，再用紫外可见分光光度计在此波长下测定取样离心后上清液的吸光度。由Lambert-Beer定律可知

$$A=\varepsilon bc$$

式中：b——光程，比色皿宽度，cm；

c——质量浓度，$g\cdot L^{-1}$；

ε——质量吸光系数，$L/(g\cdot cm)$。

罗丹明B溶液的降解率按照下面的公式进行计算

$$\eta=\frac{c_0-c}{c}\times 100\%=\frac{A_0-A}{A}\times 100\%$$

式中：η——罗丹明B溶液的降解率，%；

c_0——含有 TiO_2 样品的罗丹明B溶液的初始浓度，$g\cdot L^{-1}$；

c——含有 TiO_2 样品的罗丹明B溶液光照不同时间后的实际浓度，$g\cdot L^{-1}$；

A_0——含有 TiO_2 样品的罗丹明B溶液没有经过光照的原始吸光度；

A——含有 TiO_2 样品的罗丹明B溶液光照不同时间后的实际吸光度。

(3)光照时间对罗丹明 B 降解率的影响。

向含有 20 mL 罗丹明 B 溶液的石英管中加入 25 mg TiO_2 光催化剂。按照光催化实验方法，每隔 10 min 取样，高速离心分离后，测定罗丹明 B 溶液的吸光度变化，直至罗丹明 B 降解完全，并与不加光催化剂的情况进行比较，评价纳米 TiO_2 的催化性能。

(4)TiO_2 用量对罗丹明 B 降解率的影响。

向 5 支含有 20 mL，10 mg·L^{-1} 的罗丹明 B 溶液的石英管中，分别加入 5、10、15、20 和 25 mg的 TiO_2 光催化剂，按照实验方法，测试紫外光照射 30 min 后罗丹明 B 溶液的降解率。

(5)pH 值对罗丹明 B 降解率的影响。

向 7 支含有 20 mL，10 mg·L^{-1} 的罗丹明 B 溶液的石英管中，分别加入 25 mg TiO_2 光催化剂，用 HCl 和 NaOH 调节 pH 值分别为 1、3、5、7、9、11、13，按照实验方法，测试紫外光照射 30 min后罗丹明 B 溶液的降解率。

五、数据处理

(1)以时间为横坐标，吸光度(A/A_0)为纵坐标，作图绘制罗丹明 B 浓度随时间变化的关系曲线。

(2)以 TiO_2 用量为横坐标，罗丹明 B 降解率为纵坐标，作图绘制罗丹明 B 降解率随 TiO_2 用量变化的关系曲线，确定最佳 TiO_2 用量。

(3)以 pH 值为横坐标，罗丹明 B 降解率为纵坐标，作图绘制罗丹明 B 降解率随 pH 值变化的关系曲线，确定最佳 pH 值。

六、思考题

(1)溶胶-凝胶法制备纳米 TiO_2 粉体时，哪些因素影响产物的粒子大小及其分布？

(2)制备纳米 TiO_2 粉体过程中，焙烧的作用是什么？

实验33　乳状液的制备、鉴定和破坏

一、实验目的

(1)掌握机械搅拌法制备菜籽油和水的乳状液的方法。

(2)掌握鉴别乳状液类型的方法。

(3)掌握破坏乳状液类型的方法。

二、实验原理

1.乳状液的形成

乳状液是指一种液体分散在另一种与它不相溶的液体中所形成的分散体系。前者称分散相,后者称分散介质。其中一种液体通常是水,另一种是非极性液体,统称为油。因此乳状液可分为两类:乳状液有两种类型,即水包油型(O/W)和油包水型(W/O)。只有两种不相溶的液体是不能形成稳定乳状液的,要形成稳定的乳状液,必须有乳化剂存在。一般的乳化剂大多为表面表面活性剂。表面表面活性剂主要通过降低表面能、在液珠表面形成保护膜、或使液珠带电来稳定乳状液。通常,一价金属的脂肪酸皂类(例如油酸钠)由于亲水性大于亲油性,所以为水包油型乳化剂,而两价或三价脂肪酸皂类(例如油酸镁)由于亲油性大于亲水性,所以是油包水型乳化剂。

2.乳状液的类型

按分散相乳状液可分为三类:

(1)稀的:分散相的体积含量为介质的1%以下;

(2)浓的:分散相的体积含量为介质的74%以下;

(3)高浓度的:分散相的体积含量为介质的74%以上(可达99.7%)。

高分散的浓乳状液可以通过稀释高浓度的,最好是用极限浓度99.7%的乳状液来制备,用稳定剂的溶液或纯分散介质稀释高浓度的或极限浓度的乳状液,可以制得任何浓度的较稳定的乳状液。在稀释了的乳状液中,实际上保持了原来高分散状态的小液滴,大小在1 μm左右。

3.乳状液类型的鉴别方法

鉴别乳状液类型的方法很多,有染色法、稀释法和电导法。

(1)染色法。

向乳状液中加入少量的油溶性染料,并进行振荡,如果整个乳状液都成染料的颜色,则乳状液为W/O型。若只是液滴呈染料的颜色,则乳状液为O/W型;若改用水溶性染料,则操作方法相同但现象相反。

(2)稀释法。

与乳状液的外相相同的液体能够稀释乳状液，据此可方便地鉴别乳状液的类型，方法为：向乳状液中加入极少量的水或油，何者能与乳状液混溶，何者就是乳状液的外相。

(3)电导法。

O/W 型乳状液的导电性能较好，而 W/O 型乳状液的导电性能较差，利用它们导电性能差异可将它们区分。但应注意，含水量很高及离子型表面活性剂作为乳化剂的 W/O 型乳状液其电导往往很高。

4. 常用的破乳方法

在工业上常需破坏一些乳状液，常用的破乳方法有：

(1)加破乳剂法。

破乳剂往往是反型乳化剂。例如，对于由油酸镁做乳化剂的油包水型乳状液，加入适量油酸钠可使乳状液破坏。因为油酸钠亲水性强，也能在液面上吸附，能形成较厚的水化膜，与油酸镁相对抗，互相降低它们的的乳化作用，使乳状液稳定性降低而被破坏。若油酸钠加入过多，则其乳化作用占优势，油包水型乳化液可能转化为水包油型乳化液。

(2)加电解质法。

不同电解质可能产生不同作用。一般来说，在水包油型乳状液中加入电解质，可改变乳状液的亲水亲油平衡，从而降低乳状液的稳定性。

有些电解质能与乳化剂发生化学反应，破坏其乳化能力或形成新的乳化剂。如在油酸钠稳定的乳状液中加入盐酸，由于油酸钠与盐酸发生反应生成油酸，失去了乳化能力，使乳状液破坏。反应式为

$$C_{17}H_{33}COONa + HCl \longrightarrow C_{17}H_{33}COOH + NaCl$$

同样，如果乳状液中加入氯化镁，则可生成油酸镁，乳化剂由一价皂变成二价皂。当加入适量氯化镁时，生成的反型乳化剂油酸镁与剩余的油酸钠对抗，使乳状液破坏。若加入过量氯化镁，则形成的油酸镁乳化作用占优势，使水包油型的乳状液转化为油包水型的乳状液。反应式为

$$2C_{17}H_{33}COONa + MgCl_2 \longrightarrow (C_{17}H_{33}COO)_2Mg + 2NaCl$$

(3)加热法。

升高温度可使乳状剂在界面上的吸附量降低；溶剂化层减薄；降低了介质粘度；增强了布朗运动。因此，减少了乳状液的稳定性，有助于乳状液的破坏。

(4)电法。

在高压电场的作用下，使液滴变形，彼此连接合作，分散度下降，造成乳状液的破坏。

三、仪器与试剂

(1)仪器：调速电动搅拌器、烧杯、滴定管。

(2)试剂：菜籽油、水、油酸钠、亚甲基蓝、苏丹Ⅲ。

四、实验步骤

1. 乳状液的制备

在 100 mL 的烧杯内，加入适量水，再加入适量的油酸钠，然后加入菜籽油，每次加入1 mL

菜籽油，直到再加 1 mL 油也不再乳化，漂在上面为止。这时乳化作用终止。从滴定管的读数就可知道被乳化液体的体积，计算乳化液的浓度。

2. 用染色法鉴别乳化液的类型

取 5 mL 乳化液于试管中，滴入一滴苏丹Ⅲ的菜籽油溶液，另取 5 mL 乳状液于试管中，滴入一滴亚甲基蓝的水溶液。若乳化液被苏丹Ⅲ所着色，则该乳化液为 W/O 型，若乳化液被亚甲基蓝所着色，则该乳化液为 O/W 型。

3. 乳状液的破坏

取 5 mL 乳化液于试管中，逐滴加入 3 mol/L HCl 溶液，观察现象。

五、数据处理

(1)计算乳化液的浓度(根据滴加的菜籽油的体积计算)。

(2)说明所制得的乳状液鉴别的结果，说明何者为分散相，何者为分散介质。

(3)根据乳状液中加入 HCl 后的现象，说明乳状液是否被破坏。

六、思考题

(1)胶体与乳状液有何区别?

(2)乳状液的稳定条件是什么?

(3)乳化剂有什么作用，如何选择乳化剂?

(4)机械搅拌法制备乳状液时有何缺点?

实验 34　纺织品防电磁辐射性能的测定

一、实验目的

(1)了解 N5232A 型网络分析仪测试材料防电磁辐射性能的原理及测试方法。

(2)了解网络分析仪的数据处理公式及方法。

二、实验原理

随着社会的不断进步和技术的飞速发展,电子产品日益普及,计算机通讯网络、无线电和电视发射台、转播台的建立,使微波辐射也不可避免地进入到了人们的日常生活和工作之中,成为继大气污染、水污染和噪音污染之后的第四大污染,威胁着人类的健康。特别是家用电器中的电视机、微波炉、计算机、手机等的电磁辐射,对人体的生育系统、循环系统、免疫系统和神经系统功能会造成不同程度上的伤害,已经被证实是许多危害甚大的疾病的根源。目前,具有防电磁辐射作用的纺织品材料得到了广泛的研究。

电磁波在材料中的传播,主要有反射、透射、吸收三种形式,因此测试指标采用不同频率点的反射率、透射率、吸收率来表示材料对电磁波的作用。相应的表达如下:

反射率

$$R = \frac{W_r}{W_0} = \left(\frac{E_r}{E_0}\right)^2 = \left(\frac{H_r}{H_0}\right)^2 \tag{34-1}$$

透过率

$$T = \frac{W_t}{W_0} = \left(\frac{E_t}{E_0}\right)^2 = \left(\frac{H_t}{H_0}\right)^2 \tag{34-2}$$

吸收率

$$A = 1 - R - T \tag{34-3}$$

其中:W_r——反射电磁波的功率;

W_0——入射电磁波的功率;

E_r——反射电磁波的电场强度;

E_0——入射电磁波的电场强度;

H_r——反射电磁波的磁场强度;

H_0——入射电磁波的磁场强度;

W_t——透过电磁波的功率;

E_t——透过电磁波的电场强度;

H_t——透过电磁波的磁场强度。

材料防电磁辐射效果通常用屏蔽效能的概念来表示,其指标用屏蔽效率,简称 SE,单位为 dB(分贝)。

屏蔽效率的定义为空间某点上未加屏蔽时的电场强度 E_0(或磁场强度 H_0 或功率 W_0)与

加屏蔽后该点的电场强度 E_1（或磁场强度 H_1 或功率 W_1）的比值的对数或能量损耗比倒数的对数。公式为

$$SE = 20\lg\left|\frac{E_0}{E_1}\right| = 20\lg\left|\frac{H_0}{H_1}\right| = 10\lg\left|\frac{W_0}{W_1}\right| \tag{34-4}$$

因此，对于防电磁辐射产品的评价主要用反射率（R）、透过率（T）、吸收率（A）和屏蔽效率（SE）四个指标来表示。

三、仪器与试剂

（1）仪器：N5232A 型网络分析仪、恒达微波导管。

（2）试剂：纺织品。

四、实验步骤

（1）使用仪器前的准备：如果测试材料对电磁波的反射性能，将传输线接到反射端；如果测试材料对电磁波的透过性能，将传输线接到透过端；插上仪器电源线，打开仪器电源，预热30 min。

（2）将样品裁成波导管中金属板的尺寸大小。

（3）创建新的测试窗口，S_{11} 为反射窗口，S_{21} 为传输窗口；按仪器右边面板 freq 键，在窗口中选择波导管的频率范围。

（4）做全反射矫正，装样品部位插入金属板，然后放入波导管中，测试窗口点 normalize，做全反射矫正；传输矫正时，装样品部位不放金属板，保持直通状态做全传输矫正。

（5）将样品装入装样部位，插入波导管中开始测试。测试后将数据保存成数据点。

五、数据处理

实验得到的数据是不同电磁频率点的屏蔽效能，单位为分贝（dB）。根据屏蔽效能可以算出材料对电磁波的反射率、透过率、吸收率。列表计算出所有数据。

六、注意事项

（1）正式实验前使仪器预热 30 min，仪器稳定后再测试。

（2）如果样品厚度不同，装样品后需要用不同的金属片，但是金属片的总高度应该一致，否则会造成数据不准确。

七、思考题

（1）简述防辐射材料的用途及生活中防电磁辐射的意义。

（2）简述防电磁辐射的机理、表征指标。

实验 35　单根纤维的接触角测量表征

一、实验目的

(1)了解座滴法测量纤维接触角的实验原理、方法及适用范围。

(2)掌握光学接触角测量仪的操作规程。

二、实验原理

1. 纤维表面的浸润性质

纤维表面的浸润性能是指当纤维材料的表面与液体接触时,被润湿的程度,与纤维表面的结构形态和表面化学组分密切关联。在纤维增强树脂基复合材料的制作过程中,浸润性对复合材料的界面以及整体性能有非常大的影响,接触角的准确测量对纤维与浸润液体之间润湿性能的评价有重要的意义。

当纤维材料接触到液体时,由于纤维表面化学成分和表面形态结构的原因,使得液体被吸附而自发地润湿纤维,其接触点沿着纤维表面逐渐扩展。对于浸润性良好的纤维而言,当液体与纤维材料接触的瞬间,液体会快速自发地润湿纤维。而对于浸润性较差的纤维而言,当液体接触到纤维表面时,液体与纤维的界面相互作用,使得液体界面边缘轮廓和表面能发生变化。

2. 静滴法测量纤维接触角的测试原理

静滴法是较为传统测量接触角的方法。液体经由微量进样器,以非常微小的液滴滴出并直接落在水平夹持的单根纤维上(如图 35-1 所示),结合光学显微镜和计算机技术方法,分析液滴的形状,计算纤维表面与液体的接触角。其特点是测试液体需求量小,计算方法简单,但测试数据的重现性差。因此需要测量多个数据取平均值进行结果计算。

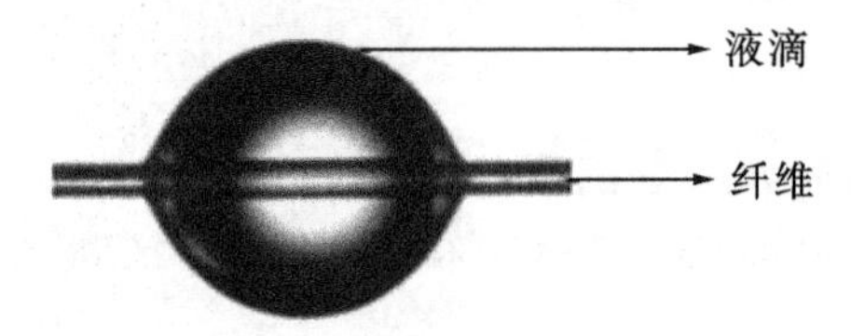

图 35-1　纤维表面悬挂液滴的图像

三、仪器与试剂

(1)仪器:德国 OCA40 Micro 型光学接触角测量仪、电热鼓风干燥箱、超声波清洗仪。

(2)试剂:无水乙醇、丙酮、用于测试的浸润液体、纤维。

四、实验步骤

1.实验准备

将纤维样品用无水乙醇或丙酮浸泡 6 h，再用超声波清洗 30 min。然后用去离子水清洗掉上面的残留试剂，放入 80 ℃的烘箱中烘干备用。

2.仪器调试

(1)调节样品台和注射针位置。调节注射针座架和样品台 X、Y、Z 方向的位置，使注射针与样品台位置相对应，以便液滴滴下时准确落在纤维样品上。

(2)调节视窗。调节光源的强弱；调整图像在屏幕上的满屏比例，以便得到非常清晰的液滴图像；调节目镜的“三相点”，如果没有辨识到液滴的外型，软件不能检测到接触角，所以“三相点”的亮度识别对仪器测试结果的影响非常重要。

3.装样

(1)把已知浸润液体装入接触角测量仪的液体瓶内，并组合注射针，安装到仪器上。

(2)将单根纤维夹持在接触角测量仪的单纤维样品夹具上，并保证纤维相对于样品台底座处于水平位置，且纤维伸直而不伸长。

4.测试

将液滴通过注射器滴在纤维样品上进行接触角测量，并利用仪器自带的分析测试软件对滴在纤维上的液滴的外观轮廓进行拟合，计算接触角值。

每种纤维取 30 个测量数值，计算其平均值得到最终测量结果。

五、数据处理

列表记录每种纤维的测量数值，计算其平均值得到最终测量结果，并进行比较。

六、注意事项

(1)必须保证所用的测试液体不会与固体样品发生反应、蚀刻或吸收。

(2)在注射器中加入液体时，必须保证液体的清洁性。

七、思考题

(1)纤维样品测试接触角前，为何要将其用乙醇或丙酮浸泡清洗？

(2)静滴法测量纤维接触角的适用范围。

实验 36 气相色谱质谱联用测定挥发性有机污染物

一、实验目的

(1)掌握气相色谱质谱联用(GC/MS)法的基本原理。
(2)掌握利用 GC/MS 进行有机物分析测定的方法。

二、实验原理

质谱分析法主要是试样分子在高能粒子束(电子、离子、分子等)作用下电离生成各种类型带电粒子或离子,采用电场、磁场将离子按质荷比大小分离,依次排列成图谱,即质谱。质谱不是光谱,是物质的质量谱。质谱中没有波长和透光率而是离子流或离子束的运动。样品的质谱图包含着样品定性和定量的信息。对样品的质谱图进行处理,可以得到样品定性和定量的分析结果。因而质谱分析法是通过对样品离子的质荷比的分析来实现样品定性和定量的一种分析方法。

任何质谱仪器都必须有电离装置把样品电离为离子,还必须有质量分析装置把不同质荷比的离子分开,再经过检测器检测之后,得到样品分子(或原子)的质谱图。图 36-1 为一般质谱仪的结构框图。质谱仪一般由四个主要部分和其他一些辅助设备组成。进样系统的作用是将样品引入离子源。离子源是使气态样品中的原子或分子电离生成离子的装置,除了使样品电离外,离子源还必须使生成的离子会聚成有一定能量和几何形状的离子束后引出。质量分析器是利用电磁场包括磁场、磁场与电场组合、高频电场、高频脉冲电场等的作用将来自离子源的离子束中不同质荷比的离子按空间位置、时间先后等形式进行分离的装置。检测器则是用来接收、检测和记录被分离后的离子信号的装置。

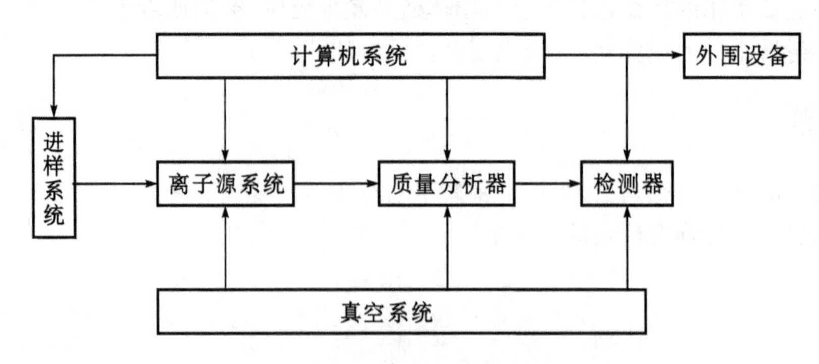

图 36-1 质谱仪结构方框图

质谱图的横坐标是质荷比,纵坐标为离子的强度。离子的绝对强度取决于样品量和仪器灵敏度。离子的相对强度和样品分子结构有关,一定的样品,在一定的电离条件下得到的质谱图是相同的，这是质谱图进行有机物定性分析的基础。目前，对于进行有机分析的质谱仪，它的数据系统都存有十几万到几十万个化合物的标准质谱图，得到一个未知物质谱图后，可以通过计算机进行库检索，查得该质谱图所对应的化合物。

质谱法具有灵敏度高、定性能力强的特点，但对复杂物质的分析就无能为力了，而气相色谱法分离效率高、定量分析简便，但定性能力较差。因此，若将气相色谱法高效分离混合物的特点与质谱法高分辨率地鉴定化合物的特点相结合，则可相互取长补短，解决许多复杂的分析问题。这种由两种或多种方法结合起来的技术称为联用技术。由气相色谱和质谱结合起

来的技术叫做气相色谱/质谱联用，简称气/质联用(GC/MS)。

GC/MS的分析过程为：当一个混合物样品注入色谱柱后，在色谱柱上进行分离，每种组分以不同的保留时间流出色谱柱。经分子分离器除去载气，只让组分分子进入离子源(若是从毛细管柱流出，则可以直接进入离子源)，经电离后，设置在离子源出口狭缝安装的总离子流检测器检测到离子流，经放大后即可得到该组分的色谱图，称为总离子流色谱图(TIC)。当某组分出现时，总离子流检测器发出触发信号，启动质谱仪开始扫描从而获得该组分的质谱图。

在GC/MS联用技术中，气相色谱是质谱仪理想的进样器，试样经色谱法分离后以纯物质形式进入质谱仪，从而可以发挥质谱法的特长。质谱仪能检出几乎全部化合物，灵敏度又很高，对气相色谱法来说，它是一个理想的检测器。在GC/MS分析中，不仅可以提供保留信息，还可以提供质谱图，定性可靠。

目前，GC/MS定性分析主要依靠数据库检索进行。得到总离子色谱图之后，可以逐一对每个峰进行检索，得到样品的定性分析结果。用GC/MS法进行有机物定量分析，其基本原理与GC法相同，即样品量与总离子(或选择离子)色谱峰面积成正比。定量分析方法有归一化法、外标法和内标法。

GC/MS联用技术的应用十分广泛，比如环境污染物分析、食品香味分析鉴定到医疗诊断、药物代谢研究(包括药检)等，都可以应用该方法。

本实验采用几种挥发性有机污染物为分析对象，采用GC/MS技术进行分离和检测。

三、仪器与试剂

(1)仪器：HP5973 GC/MS、HP-5MS石英毛细管色谱柱(30 m×0.25 mm×0.25 μm)、微量进样器、高纯氦气(99.999%)。

(2)试剂：三氯乙烯(A.R)、四氯乙烯(A.R)、苯(A.R)、甲苯(A.R)、正己烷(A.R)、实验用试样为其混合得到。

四、实验步骤

1.仪器启动与调谐

打开气源，气相色谱、质谱、计算机电源开关，待自动联机完成后，执行抽真空操作。质谱仪在真空下工作，要达到必要的真空度需先用扩散泵(或涡轮分子泵)抽真空。如果采用扩散泵，从开机到正常工作需要2 h左右，若采用涡轮分子泵则只需30 min左右。根据HP5973 GC/MS软件控制系统可得知真空度，当真空显示要在10^{-5} mbar(1 bar=0.1 MPa)或更高的真空下才能正常工作。然后进行仪器调谐，可通过仪器的“autotune”(自动调谐)操作来完成。

2. 设定实验条件

质谱仪工作参数设定主要是设置质量范围、扫描速度、电子能量和倍增器电压。同样，根据目标分析物性质设置合适的GC操作条件。

3. 样品分析

进样量0.2 mL，在设定的实验条件下进行分析，得到样品的总离子流色谱图(TIC)。

五、数据记录及处理

根据色谱图上相应各组分的质谱图，通过仪器自带的质谱谱库检索，根据相似度指数判断样品中存在的组分数量并确定组分。

(1)显示并打印总离子色谱图。

(2)显示并打印每个组分的质谱图。

(3)对每个未知谱进行计算机检索。

六、注意事项

(1)对于比较复杂的混合物，设置色谱条件是非常重要的，设置前一定要了解样品信息，根据样品信息设置色谱条件。

(2)有好的色谱图才有好的质谱图，有好的质谱图才有好的检索结果。分离不好或信噪比太小的峰不能检索。

七、思考题

(1)色谱质谱联用方法与单一的色谱法和质谱法相比，有何特点？

(2)在进行GC/MS分析时需要设置合适的分析条件。假如条件设置不合适可能会产生什么结果？比如色谱柱温度不合适会怎么样？扫描范围过大或过小会怎么样？

(3)进样量过大或过小可能对质谱产生什么影响？

实验 37 纺织品中残留五氯苯酚(PCP)的检测

一、实验目的

掌握使用 GC/MS 进行纺织品中残留五氯苯酚检测的方法。

二、实验原理

五氯苯酚(PCP)是纺织品、皮革制品、木材、织造浆料和印花色浆采用的传统的防霉防腐剂。在穿着使用残留有 PCP 的纺织品服装时,PCP 会通过皮肤在人体内积蓄,从而对人类造成潜在的健康威胁和生态环境的污染。由动物试验表明,PEP 是一种强毒性物质,不仅对人体具有致畸和致癌性,而且 PCP 的化学稳定性很高,自然降解过程很长,对环境可造成持久的污染。同时,PCP 在燃烧时会释放出剧毒物质二噁英类化合物(学名为对二氧杂环己二烯),因而在纺织品和皮革制品中的使用受到严格的限制。在国标 GB/T 18885—2002 中规定,PCP 在服用纺织品和装饰材料中的含量必须小于 0.5 $mg \cdot kg^{-1}$,有的国家则要求该物质的检出率为 0。

对于纺织品中残留的五氯苯酚的检测,可以采用乙酰化-气相色谱法。首先,在硫酸溶液的作用下,样品中残留的五氯苯酚及其钠盐均以五氯苯酚的形式存在,可以用正己烷对其进行提取。由于五氯苯酚具有较强的极性,直接进样分析对色谱柱及仪器系统要求很高,故通常在分析前,五氯苯酚应转化为非极性的衍生物。常用的衍生剂有五氟苯甲酰氯和乙酸酐。五氟苯甲酰氯最灵敏,然而高浓度的衍生化剂会引起高本底,需用碱溶液进行净化,同时酰化物也因水解而损失。用乙酸酐进行乙酰化,不影响五氯苯酚的电亲和力,从而有较高的选择性,并且其本底低,一般不需要净化。此外,乙酸酐价廉易得。因此,用浓硫酸将五氯苯酚的正己烷提取液净化后,再以四硼酸钠水溶液反提取。向提取液中加入乙酸酐,使五氯苯酚与其反应生成五氯苯酚乙酯。最后以正己烷提取,用无水硫酸钠脱水后检测。以气质联用仪进行检测,检测直观方便,而且具有较高的灵敏度。

三、仪器与试剂

(1)仪器:HP5973 GC/MS、分析天平、混合器、离心机、离心管、分液漏斗、漏斗(下端颈部装有 5 cm 高的无水硫酸钠柱(柱的两端填以玻璃棉))、容量瓶、吸量管、比色管、吸管、微量注射器、烧杯、剪刀。

(2)试剂:浓硫酸、四硼酸钠(硼砂)、正己烷、无水硫酸钠、乙酸酐、五氯苯酚标准品(纯度>99%)、艾氏剂。除特殊规定外试剂均为分析纯,水为蒸馏水。

四、实验步骤

1. 样品中五氯苯酚的提取及乙酰化

(1)提取。称取代表性纺织品试样约 1.0 g,用剪刀剪成碎片,置于 50 mL 离心管中,加入 20 mL6 $mol \cdot L^{-1}$硫酸后,在混合器上混匀 2 min。加入 20 mL 正己烷,摇荡 3 min 后在混合器上混匀 2 min,并在 3000 $r \cdot min^{-1}$下离心 2 min。用吸管小心吸出上层的正己烷并移入一新的 50 mL 离心管中,残液再用 10 mL 正己烷重复提取一次,合并正己烷提取液于同一离心管中。弃去下层水相。

(2)净化。向正己烷提取液中徐徐加入 10 mL 浓硫酸,振摇 0.5 min,在 3000 $r \cdot min^{-1}$下离心 2 min。用吸管吸出上层正己烷提取液并移入 125 mL 分液漏斗中,再用 2 mL 正己烷冲洗离心管管壁,静置分层后,用吸管吸出上层正己烷冲洗液,与提取液合并于同一分液漏斗中。弃去硫酸层。

在上述正己烷中加入 30 mL 0.1 $mol \cdot L^{-1}$四硼酸钠溶液,振摇 1 min,静置分层。小心将下层水相放人另一个 125 mL 分液漏斗中,并用 20 mL 0.1 $mol \cdot L^{-1}$四硼酸钠溶液将分液漏斗中的正己烷再提取一次,合并下层水相于同一分液漏斗中。弃去正己烷层。

(3)乙酰化。向上述四硼酸钠提取液中加入 0.5 mL 乙酸酐,振摇 2 min,再加入 10 mL 正己烷,振摇 1 min,静置分层。弃去下层水相。再用 0.1 $mol \cdot L^{-1}$四硼酸钠水溶液洗涤正己烷层共 2 次,每次 20 mL,振摇,静置分层,弃去水相。从分液漏斗的上口将正己烷层倒入装有无水硫酸钠柱的漏斗中,并用 10 mL 比色管收集经无水硫酸钠脱水的正己烷。

2. GC/MS 检测

(1)开启 GC/MS,设置实验条件:色谱仪进样口温度 250 ℃;柱温 210 ℃;质谱扫描范围 60～350 amu。

(2)内标法定量检测样品中五氯苯酚的浓度。

内标液的配制(浓度为 0.5000 $mg \cdot mL^{-1}$):准确称取 0.05 g 艾氏剂(精确至 0.0001 g)于小烧杯中,加 40～50 mL 正己烷溶解,并定量转入 100 mL 容量瓶中,用正己烷冲洗小烧杯数次,一并转入容量瓶中,用正己烷稀释至刻度,摇匀。再取此溶液 100 mL 于 100 mL 容量瓶中,用正己烷稀释至刻度,摇匀备用。

五氯苯酚标准溶液的配制:准确称取 0.1 g 五氯苯酚标准品(精确至 0.0001 g)于小烧杯中,加 40～50 mL 正己烷溶解,并定量转入 100 mL 容量瓶中,用正己烷冲洗小烧杯数次,一并转入容量瓶中,用正己烷稀释至刻度,摇匀作为储备液。使用前定量稀释,并移取一定量稀释液,按上述乙酰化步骤将五氯苯酚乙酰化后配制成标准工作液(标准液中五氯苯酚浓度应与样品提取液中被测组分浓度接近,内标物艾氏剂浓度为 0.0500 $mg \cdot mL^{-1}$)。

移取 5 mL 的样品正己烷提取液于 10 mL 比色管中,加入 1 mL 内标液,用正己烷稀释至刻度。分别将标准工作液、样品提取液注入气相色谱仪,进样量各 5 mL。记录色谱、质谱图,并采用内标法进行定量分析。

五、数据处理

内标法中,样品残存的五氯苯酚按如下公式计算:

$$w = 20 \times \frac{1}{m} \times \frac{A}{A_i} \times \frac{A_{si}}{A_s} \times C_s$$

式中：w ——试样中五氯苯酚含量，$mg \cdot kg^{-1}$；

A ——试样中五氯苯酚乙酯色谱峰面积；

A_i——标准工作液中五氯苯酚乙酯色谱峰面积；

A_s——试样中艾氏剂色谱峰面积；

A_{si}——标准工作液中艾氏剂色谱峰面积；

C_s——标准工作液中五氯苯酚乙酯（以五氯苯酚计）浓度，$\mu g \cdot mL^{-1}$；

m ——试样总量，g。

六、注意事项

在样品提取过程中，必须防止样品受到污染或发生残留物含量的变化。

七、思考题

(1)色谱分析中，内标法的基本原理是什么？

(2)在检测过程中，为什么要把五氯苯酚转化成酯的形式？

实验38 食品防腐剂苯甲酸和山梨酸的高效液相色谱法分析

一、实验目的

(1)了解高效液相色谱仪的基本结构和基本操作。

(2)掌握高效液相色谱定性、定量的原理及方法。

二、实验原理

液相色谱法是以液体作为流动相的色谱法。高效液相色谱法是在经典液相色谱法基础上发展起来的一种新型分离、分析技术。经典液相色谱法由于使用粗颗粒的固定相,填充不均匀,依靠重力使流动相流动,因此分析速度慢,分离效率低。随着新型高效的固定相、高压输液泵、梯度洗脱技术以及各种高灵敏度的检测器相继发明,高效液相色谱法得到了迅速的发展。

高效液相色谱法是利用样品中各组分在色谱柱中固定相和流动相间分配系数或吸附系数的差异,将各组分分离后进行检测,并根据各组分的保留时间和响应值进行定性、定量分析。

此外,在高效液相色谱法中,液态流动相不仅起到使样品沿色谱柱移动的作用,而且还与样品分子发生选择性的相互作用,通过改变流动相的种类和组成,就可对色谱分离效能产生影响,这就为控制和改善分离条件提供了一个额外的可变因素。

目前,高效液相色谱法已经广泛应用于对生物学和医药上有重大意义的大分子物质的分析,如蛋白质、核酸、氨基酸、多糖、高聚物、生物碱、微生物、抗生物、染料及药物等物质的分离和分析。

一般的高效液相色谱仪(图38-1)由高压输液系统、进样系统、分离系统、检测系统、数据处理系统五个部分组成。另外,还可根据需要配备一些附属系统,如脱气、梯度洗脱、恒温、自动进样、馏分收集等装置。其中梯度洗脱是尤为重要的附属装置。所谓梯度洗脱方式是指在分离过程中使两种或两种以上不同性质但可互溶的溶剂的比例随时间的改变而改变,以连续改变色谱柱中流动相的极性、离子强度或pH值等,从而改变被测组分的相对保留值,提高分离效率。这对分离一些组分复杂和分配比k相差很大的样品尤为重要。

高效液相色谱法按照分离的机制不同,可以分为以下几种类型:液一液分配色谱法、液一固吸附色谱法、离子交换色谱法及凝胶色谱法等。

在液一液分配色谱法中,当固定相的极性大于流动相的极性时,称为正相色谱;反之,流动相的极性大于固定相的极性时,称为反相色谱。

防腐剂是具有杀灭微生物或抑制其增殖作用的一类物质的总称。在食品生产中,为防止食品腐败变质、延长食品保存期,常使用防腐剂,以期收到更好的效果。我国普遍使用的防腐剂有山梨酸及其钾盐、苯甲酸及其钠盐、对羟基苯甲酸乙酯及对羟基苯甲酸丙酯、丙酸及其钙盐等,以山梨酸、苯甲酸及其盐类使用最多。为了保证食品的食用安全,必须对添加的防腐剂

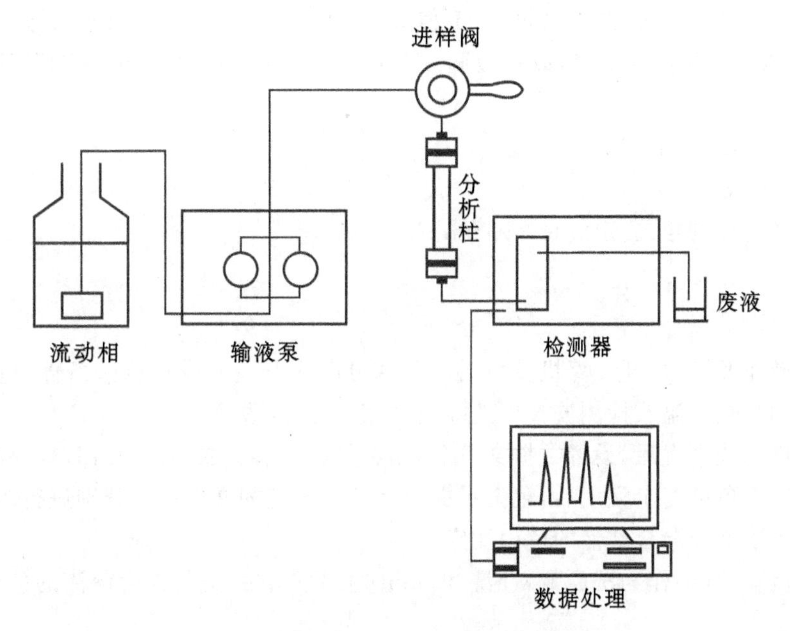

图 38-1 高效液相色谱仪构造示意图

的种类和加入量进行控制。

本实验以食品防腐剂苯甲酸和山梨酸为测定对象，以高效液相色谱法来检测分析食品中苯甲酸及山梨酸的含量。

本实验以 C_8（或 C_{18}）键合的多孔硅胶微球作为固定相，甲醇-磷酸盐缓冲溶液（体积比为 50∶50）的混合溶液作流动相的反相液相色谱体系分离两种食品添加剂：苯甲酸和山梨酸。两种化合物由于分子结构不同，在固定相和流动相中的分配比不同，在分析过程中经多次分配便逐渐分离，依次流出色谱柱。经紫外-可见光检测器（检测波长为 230 nm）进行色谱峰检测。

苯甲酸和山梨酸为含有羧基的有机酸，流动相的 pH 值影响它们的解离程度，因此也影响其在两相（固定相和流动相）中的分配系数。本实验将通过测定不同流动相的 pH 值条件下苯甲酸和山梨酸保留时间的变化，了解液相色谱中流动相 pH 值对于有机酸分离的影响。

三、仪器与试剂

(1)仪器：Agilent 1260 高效液相色谱仪、微量注射器。

(2)试剂：磷酸、甲醇、磷酸二氢钠、苯甲酸、山梨酸，以上试剂均为分析纯。

(3)样品：苯甲酸样品溶液（25 $mg \cdot mL^{-1}$）、山梨酸样品溶液（25$mg \cdot mL^{-1}$）、样品溶剂为甲醇-水（体积比 50∶50）。

四、实验步骤

1. 测定条件的选择

(1)色谱柱：C_8 键合多孔硅胶微球，5 μm，4.6 mm×150 mm；

(2)流动相：(a)甲醇：50 $mmol \cdot L^{-1}$ 磷酸二氢钠水溶液（pH 值 4.0，体积比 50∶50）；(b)甲

醇:50 mmol·L^{-1}磷酸二氢钠水溶液(pH 值 5.0,体积比 50∶50);配制流动相:首先配制 50 mmol·L^{-1}磷酸二氢钠水溶液,以磷酸调 pH 值至 4.0 或 5.0,然后与等体积甲醇混合,过滤后使用。

(3)流量 1.0 mL·min^{-1};

(4)柱温:40 °C;

(5)紫外光度检测器:测定波长 230 nm。

(6)进样量:20μL。

2. 色谱分析

(1)按照操作要求,打开计算机及色谱仪各部分电源开关。设置色谱条件,包括流动相组成、流量、分析时间、柱温及检测波长。选择流动相(a)为洗脱液。

(2)待色谱基线平直后,设置数据文件名,用微量进样器吸取 30～40 μL 样品溶液,通过进样阀进样,每一次色谱测定完成后,色谱数据被保存在设定的文件中。分别进行苯甲酸样品溶液、山梨酸样品溶液及混合溶液的色谱测定。

(3)改用流动相(b)作为洗脱液,冲洗 20 min 达到平衡后,进行混合溶液的色谱测定。

五、数据处理

(1)进入数据分析界面。打开以流动相(a)为洗脱液的色谱数据文件,记录保留时间:将测定的各个纯化合物的保留时间与混合物样品中的色谱峰保留时间对照,确定混合物色谱中各色谱峰属于何种组分。

(2)打开以流动相(b)为洗脱液的色谱数据文件,记录各化合物的保留时间。

(3)计算不同色谱条件下对于两组分的分离度。

分离度 R_s 用下式计算:

$$R_s = \frac{2(t_{R_2} - t_{R_1})}{w_1 + w_2}$$

式中:$t_{R_2} - t_{R_1}$—— 两个组分的保留时间之差;

w_1、w_2 ——两个色谱峰基线宽度(基峰宽)。

分别以两种方法进行分离度计算:

①由色谱数据处理系统进行计算。在“报告”菜单中选择“设定报告”,在“报告类型”一栏中选择“扩展性能”。在报告中的“分离度”一栏中,“切线法”方法给出用基线峰宽计算的分离度。

②在打印色谱图后,量出色谱峰的基线峰宽,将基线峰宽和保留时间之差(注意单位一致),带入上式进行分离度计算。

六、注意事项

(1)用微量注射器取液时要尽量避免吸入气泡。使用定量环定量进样时,微量注射器取液体积要大于定量环体积。完成分析或吸取新样品溶液前要将注射器洗净。进样阀的手柄位置转换速度要快,但不要用力过猛。

(2)色谱柱连接在进样阀和检测器之间,连接时要注意流动相的方向要和柱子上标志的方向一致。

(3)实验结束后,以甲醇一水(体积比 40∶60)为流动相冲色谱柱约 30 min,除去色谱系统中的含盐缓冲溶液。

(4)实验条件主要是流动相配比,可以根据具体情况进行调整。

(5)有磷酸二氢钠的溶液容易有沉淀生成,需要注意流动相在放置过程中有无变化。

七、思考题

(1)高效液相色谱仪一般由几部分组成?

(2)反相色谱和正相色谱有什么区别?

(3)流动相的 pH 值升高后,苯甲酸和山梨酸的保留时间及分离度如何变化?保留时间变化的原因是什么?

实验 39　食品中亚硝酸盐含量的测定

一、实验目的

(1)掌握样品制备、提取的基本操作技能。

(2)进一步熟练掌握分光光度计的结构和使用方法。

(3)掌握比色法测定食品中亚硝酸盐的原理和方法。

二、实验原理

亚硝酸盐，一类无机化合物的总称，主要指亚硝酸钠($NaNO_2$)。亚硝酸钠为白色至淡黄色粉末或颗粒状，味微咸，易溶于水。硝酸盐和亚硝酸盐是食品添加剂中的发色剂(也称护色剂)，添加后，硝酸盐在亚硝基化菌的作用下还原成亚硝酸盐，并在肌肉中乳酸的作用下生成亚硝酸。亚硝酸不稳定，极易分解产生亚硝基，生成的亚硝基会很快与肌红蛋白反应生成鲜艳的、亮红色的亚硝基肌红蛋白，亚硝基肌红蛋白遇热后，放出巯基(—SH)，变成了具有鲜红色的亚硝基血色原，从而赋予食品鲜艳的红色。另外，亚硝酸盐对抑制微生物增殖有一定作用，与食盐并用，可增加对细菌的抑制作用。

亚硝酸盐摄入量过多会对人体产生毒害作用。过多地摄入亚硝酸盐会引起正常血红蛋白转变为高铁血红蛋白，而失去携氧功能，导致组织缺氧，出现青紫而中毒。根据国家强制性标准《食品安全国家标准食品添加剂使用标准》规定，亚硝酸盐仅允许腌熏肉等制品有微量残留，限量为 $30mg \cdot kg^{-1}$，熏制火腿最高残留量也不得超过 $70\ mg \cdot kg^{-1}$。对非有意添加、自然生成的亚硝酸盐，《食品中污染物限量国家标准》规定限量一般为 $3 \sim 5\ mg \cdot kg^{-1}$，酱腌菜的限量也仅为 $20\ mg \cdot kg^{-1}$。

亚硝酸盐在酸性条件下，与对氨基苯磺酸($H_2N-C_6H_4-SO_3H$)发生重氮化反应生成重氮盐，此重氮盐再与盐酸萘乙二胺发生偶合反应，生成紫红色偶氮化合物。其颜色深浅与亚硝酸含量成正比，故可通过分光光度计比色测定，计算出样品中亚硝酸盐的含量。反应式为

$$2HCl + NaNO_2 + H_2N-C_6H_4-SO_3H \xrightarrow{\text{重氮化}}$$

$$Cl-N(\equiv N)-C_6H_4-SO_3H + NaCl + 2H_2O$$

$2HCl \cdot NH_2CH_2CH_2NH$—(萘环) + C—N(≡N)—(苯环)—$SO_3H$ $\xrightarrow{\text{偶合}}$

盐酸萘乙二胺

$2HCl \cdot NH_2CH_2CH_2NH$—(萘环)—N═N—(苯环)—$SO_3H + HCl$

紫红色

三、仪器与试剂

(1)仪器:分光光度计、组织捣碎机、台秤、分析天平、恒温水浴锅、电炉、烧杯、容量瓶、比色管、吸管、温度计。

(2)试剂:硼酸钠、亚铁氰化钾、乙酸锌、冰醋酸、氯化汞、氯化钡、浓盐酸、硫酸铝、氨水、硝酸银、对氨基苯磺酸、盐酸萘乙二胺、亚硝酸钠。

四、实验步骤

1.溶液的配制

(1)饱和硼砂溶液:5g 硼酸钠溶于 100 mL 热的重蒸水中,冷却备用。

(2)亚铁氰化钾溶液:称取 106 g 亚铁氰化钾溶于水,并稀释至 1000 mL。

(3)乙酸锌溶液:称取 220 g 乙酸锌,加 30 mL 冰醋酸溶于水,并稀释至 1000 mL。

(4)果蔬抽提液:溶解 50 g 氯化汞和 50 g 氯化钡于 1000 mL 重蒸水中,用浓盐酸调整 pH 值为 1。

(5)氢氧化铝乳液:溶解 125 g 硫酸铝于 1000 mL 重蒸水中,滴加氨水使氢氧化铝全部沉淀(使溶液呈微碱性)。用蒸馏水反复洗涤,真空抽滤,直至洗液分别用氯化钡、硝酸银溶液检验不发生混浊。取下沉淀物,加适量重蒸水使之呈薄糊状,搅拌均匀备用。

(6)0.4%对氨基苯磺酸溶液:称取 0.4 g 对氨基苯磺酸,溶于 100 mL 20%的盐酸溶液中,避光保存。

(7)0.2%盐酸萘乙二胺溶液:称取 0.2 g 盐酸萘乙二胺,溶于 100 mL 重蒸水中。

(8)亚硝酸钠标准溶液(5 $\mu g \cdot mL^{-1}$):精确称取 0.1000 g 亚硝酸钠,以重蒸水定容到 500 mL。再吸取此溶液 25 mL,以重蒸水定容到 1 000 mL,此工作液每毫升含亚硝酸钠 5μg。

2.样品处理

(1)肉制品。称取经搅拌混合均匀的样品 5g 于 50 mL 烧杯中,加入硼砂饱和溶液 12.5 mL,以玻璃棒搅拌,然后以 70 ℃左右的重蒸水 300 mL,将其冲洗入 500 mL 容量瓶,置沸水浴中加热 15 min,取出,加入 5 mL 亚铁氰化钾溶液,摇匀,再加 5 mL 乙酸锌溶液,以沉淀蛋白质。冷却到室温后用重蒸水定容到刻度,摇匀,放置片刻,除去上层脂肪,清液用滤纸过滤,滤液必须清澈,供测定用。

(2)果蔬类产品。样品用组织捣碎机打浆。称取适量浆液(视试样中硝酸盐含量而定,如青刀豆取 10 g,桃子、菠萝取 30 g),置于 500mL 容量瓶中。加 200 mL 水,摇匀,再加 100 mL 果蔬抽提液(如滤液有白色悬浮液,可适当减少)。振摇 1h,加 2.5 mol·L^{-1}氢氧化钠溶液 40 mL,用重蒸水定容后立即过滤。然后取 60 mL 滤液于 100 mL 容量瓶中,加氢氧化铝乳液至刻度。用滤纸过滤,滤液应无色透明。

3. 亚硝酸钠标准曲线的绘制

精确吸取亚硝酸钠标准液(5 μg·mL^{-1}) 0.0、0.2、0.4、0.6、0.8、1.0、1.5、2.0、2.5 mL(各含 0、1、2、3、4、5、7.5、10、12.5μg 亚硝酸钠)于一组 50 mL 容量瓶中,各加水至 25 mL,分别加 2 mL0.4%对氨基苯磺酸溶液,摇匀。静置 3~5 min 后,加入 1 mL 0.2%盐酸萘乙胺溶液,并用重蒸水定容到 50 mL,摇匀,静置 15 min 后,用 1 cm 比色皿,在 540 nm 波长下测定吸光度,以蒸馏水为空白。以测得的各比色液的吸光度和对应的亚硝酸浓度作标准曲线。

4. 亚硝酸盐的测定

取 40 mL 待测样液于 50 mL 容量瓶中,加 2 mL 0.4%对氨基苯磺酸溶液,摇匀。静置 3~5 min 后,加入 1 mL 0.2%盐酸萘乙胺溶液,比色测定,记录吸光度。从标准曲线上查得相应的亚硝酸钠浓度(μg·mL^{-1}),计算试样中亚硝酸盐(以亚硝酸钠计)的含量。

五、数据处理

亚硝酸盐含量按照下式计算:

$$X = \frac{A \times 10^{-3}}{m \times 10^{-3} \times \frac{V_1}{V_2}}$$

式中:X——试样中亚硝酸盐的含量,mg·kg^{-1};

A——试样测定液中亚硝酸盐的质量,μg;

m——试样质量,g;

V_1——测定时所取溶液体积,mL;

V_2——试样处理液总体积,mL。

六、注意事项

(1)盐酸萘乙二胺有致癌的作用,使用时注意安全。

(2)显色后稳定性与室温有关,一般显色温度为 15 ℃~30 ℃时,在 20~30 min 内比色为好。

(3)亚铁氰化钾和乙酸锌溶液作为蛋白质沉淀剂,使产生的亚铁氰化锌与蛋白质产生共沉淀。蛋白质沉淀剂也可采用 30%硫酸锌溶液。

(4)当亚硝酸盐含量较高时,过量的亚硝酸盐可将偶氮化合物氧化变成黄色。此时可先加试剂,再滴加样品溶液,避免亚硝酸盐过量。

七、思考题

(1)亚硝酸盐的生理意义如何？如果亚硝酸钠急性中毒，应采取什么措施？

(2)检测亚硝酸盐时应注意什么？如何提高亚硝酸盐检测准确度？

(3)什么叫标准曲线？绘制标准曲线时应注意哪些方面？

实验 40　烟酸原料药的鉴别与含量测定

一、实验目的

(1)掌握鉴别烟酸的原理及方法。

(2)掌握紫外分光光度法鉴别烟酸的方法原理及紫外吸收图谱的解析。

(3)掌握中和滴定法测定烟酸含量的原理及方法。

二、实验原理

烟酸也称作维生素 B_3,或维生素 PP,分子式:$C_6H_5NO_2$,耐热,能升华。无色针状结晶,熔点 236 ℃,1 g 该品溶于 60 mL 水,易溶于沸水和沸醇,不溶于丙二醇、氯仿和碱溶液,不溶于醚及脂类溶剂。烟酸又名尼克酸、抗癞皮病因子。在人体内还包括其衍生物烟酰胺或尼克酰胺。它是人体必需的 13 种维生素之一,是一种水溶性维生素,属于维生素 B 族。烟酸在人体内转化为烟酰胺,参与体内脂质代谢、组织呼吸的氧化过程和糖类无氧分解的过程。

1. 鉴别反应

(1)烟酸加 2,4 -二硝基氯苯加热溶化后,生成季铵化合物,再加乙醇制氢氧化钾溶液,即显紫红色,以此鉴别烟酸,反应式为

Cl

OH　+　NO_2　醇制 KOH →　KOOC　CHOH　N　NO_2

O　NO_2　NO_2

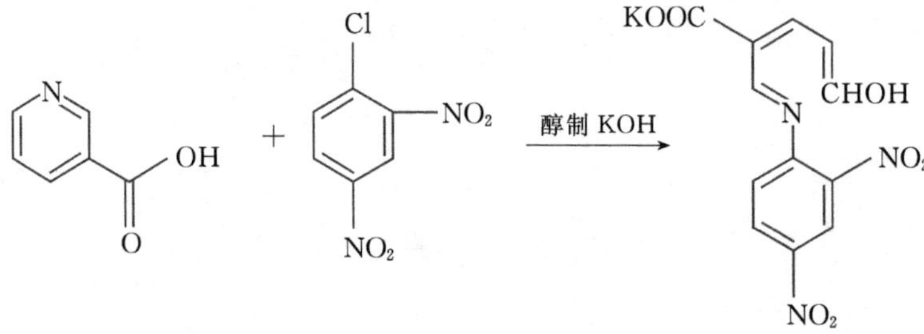

本反应需在无水的条件下进行。

(2)烟酸与氢氧化钠发生酸碱中和反应,遇石蕊试纸显中性,遇硫酸铜生成淡蓝色烟酸酮沉淀,以此鉴别烟酸,反应式为:

N　OH　+ NaOH $\xrightarrow{CuSO_4}$　N　O　Cu　O　N

O　O　O

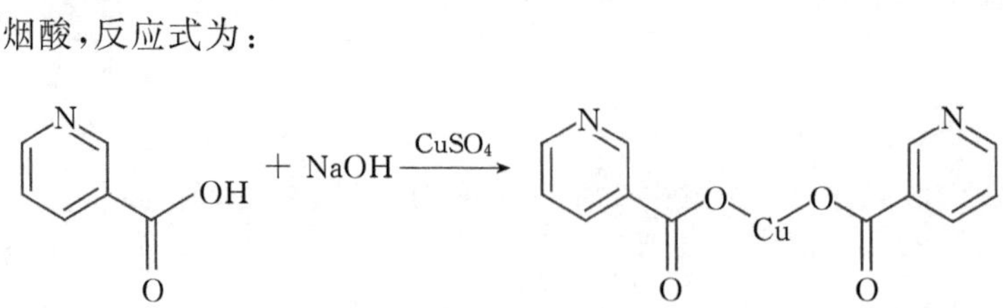

(3)烟酸加水溶解后,照紫外-可见分光光度法测定,在 262 nm 的波长处有最大吸收,在 237 nm 的波长处有最小吸收,且 237 nm 波长处的吸光度与 262 nm 波长处的吸光度的比值应

为 0.35～0.39；而烟酰胺也在 262 nm 的波长处有最大吸收，在 245 nm 波长处有最小吸收，在 $A_{254\ nm}/A_{262\ nm}$ 为 0.63～0.67。因此可用该方法来区别烟酸和烟酰胺。

2. 测定方法

烟酸为一元强酸性物质，因此，可直接采用强酸的酸碱滴定法测定其含量。具体方法为以酚酞为指示剂，用氢氧化钠标准溶液滴定烟酸的水溶液，根据消耗的氢氧化钠标准溶液的用量，计算以 $C_6H_5NO_2$ 计的烟酸的含量，并将滴定的结果用空白试验校正。

三、仪器与试剂

(1)仪器：紫外分光光度计、试管、电炉、分析天平、烧杯、容量瓶、移液管、乳钵(配乳槌)、三角烧瓶、碱式滴定管、酸式滴定管、量筒。

(2)试剂：烟酸、氢氧化钠、0.4%氢氧化钠试液(取氢氧化钠 0.4 g，加水溶解成 100 mL，即得)、2,4-二硝基氯苯、乙醇制氢氧化钾试液(取氢氧化钾 3.5 g，加 95%乙醇溶解成 100 mL，静止后取上清液)、石蕊、硫酸铜溶液(取硫酸铜 12.5 g，加水溶解成 100 mL，即得)、酚酞指示液(取酚酞 1 g，加 95%乙醇溶解成 100 mL，即得)、95%乙醇、邻苯二甲酸氢钾。

四、实验步骤

1. 烟酸的鉴别

(1)取烟酸约 4 mg，加 2,4-二硝基氯苯 8mg，研匀，置试管中，缓缓加热溶化后，再加热数秒钟，放冷，加乙醇制氢氧化钾试液 3 mL，即显紫红色。

(2)取烟酸约 50 mg，加水 20 mL 溶解后，滴加 0.4%氢氧化钠溶液至遇石蕊试纸显中性反应，加硫酸铜试液 3 mL，即缓缓析出淡蓝色沉淀。

(3)取烟酸，加水溶解并稀释制成每 1 mL 中约含 20 μg 的溶液，按照紫外-可见分光光度法(中国药典 2010 年版附录ⅣA)测定，在 262 nm 的波长处有最大吸收，在 237 nm 的波长处有最小吸收；在 237 nm 波长处的吸光度与 262 nm 波长处的吸光度的比值应为 0.35～0.39。

2. 烟酸含量测定

(1)0.1 $mol\cdot L^{-1}$ 氢氧化钠标准溶液的标定。

在分析天平上准确称取已在 105 ℃～110 ℃烘过的基准物质邻苯二甲酸氢钾 0.4～0.6 g 于 250 mL 锥形瓶中，各加 25 mL 煮沸后刚刚冷却的水使之溶解(如没有完全溶解，可稍微加热)。冷却后滴加 2 滴酚酞指示剂，用欲标定的氢氧化钠溶液滴定至溶液由无色变为微红色 30 s 不消失即为终点。记下氢氧化钠溶液消耗的体积。根据氢氧化钠溶液的消耗量与邻苯二甲酸氢钾的取用量，算出氢氧化钠溶液的浓度。平行测定 3 次，3 次结果的相对平均偏差不得大于 0.1%。

(2)烟酸的含量测定。

用分析天平准确称取烟酸样品 0.2～0.3 g，加 50 mL 新沸过的冷水溶解后，加 2 滴酚酞指示液，用氢氧化钠标准溶液液滴定至粉红色，记录氢氧化钠标准溶液消耗的体积。根据氢氧化钠溶液的消耗量与烟酸的取用量，算出烟酸的含量。平行测定 3 次，3 次结果的相对平均偏差不得大于 0.3%。

五、数据处理

(1)根据紫外吸收光谱,计算烟酸的 $A_{235nm}/A_{262\ nm}$。

(2)烟酸(以 $C_6H_5NO_2$ 计)的质量分数 w,数值以%表示,按下式计算:

$$w=\frac{c\times V\times 10^{-3}\times M_r}{m}\times 100\%$$

其中:V ——消耗氢氧化钠标准溶液的体积数,单位为 mL;

c ——氢氧化钠标准滴定液实际浓度数值,单位为 $mol\cdot L^{-1}$;

M_r——烟酸摩尔质量,单位为 $g\cdot mol^{-1}$;

m ——实验室样品的质量数值,单位为 g。

注:该实验测得的为烟酸湿品的含量,测得烟酸干燥失重的结果后可将该结果换算为干燥品的含量。

六、注意事项

(1)紫外分光光度计使用前,需预热 30 min。

(2)氢氧化钠滴定时,近终点要慢滴多摇,要求加半滴到微红色并保持半分钟不褪色 。

七、思考题

(1)什么叫中和滴定突跃范围?

(2)根据什么选择酸碱指示剂?请举例说明。

(3)如何计算氢氧化钠标准滴定液的浓度?

(4)如果标定氢氧化钠滴定液的基准未烘干,将使标准溶液浓度的标定结果偏高还是偏低?

实验41　阿司匹林原料药的鉴别试验与含量测定

一、实验目的

(1)掌握鉴别阿司匹林的原理及方法。

(2)掌握阿司匹林中游离水杨酸的检查原理及方法。

(3)掌握外标法的实验步骤和结果计算方法。

二、实验原理

阿司匹林(Aspirin),也叫乙酰水杨酸,分子式为$C_9H_8O_4$,结构式见图41-1。本品为白色结晶或结晶性粉末;无臭或微带醋酸臭,味微酸;遇湿气即缓缓水解。本品在乙醇中易溶,在氯仿或乙醚中溶解,在水或无水乙醚中微溶;在氢氧化钠溶液或碳酸钠溶液中溶解,但同时分解。

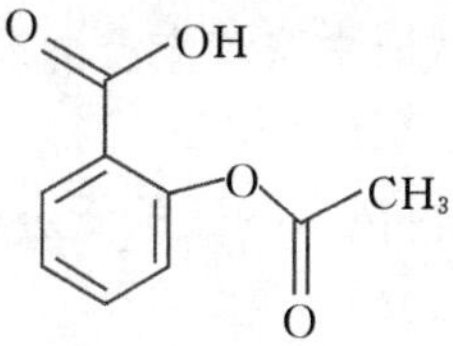

O　OH

O　CH_3

O

图41-1　阿司匹林结构式

1.鉴别反应

(1)阿司匹林加热水解产生的水杨酸在中性或弱酸性条件下与三氯化铁试液反应,生成紫堇色配位化合物,以此鉴别阿司匹林。反应式为

$$C_6H_4(COOH)(OCOCH_3) + H_2O \xrightarrow{\triangle} C_6H_4(COOH)(OH) + CH_3COOH$$

$$6\,C_6H_4(COOH)(OH) + 4FeCl_3 \longrightarrow \left[\left[C_6H_4(COO^-)(O^-)\right]_2 Fe\right]_3 Fe + 12HCl$$

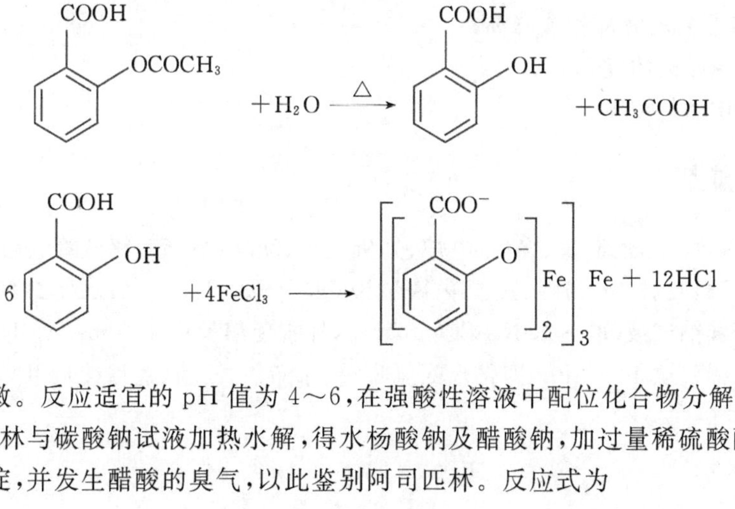

本反应极为灵敏。反应适宜的pH值为4～6,在强酸性溶液中配位化合物分解。

(2)阿司匹林与碳酸钠试液加热水解,得水杨酸钠及醋酸钠,加过量稀硫酸酸化后,则生成白色水杨酸沉淀,并发生醋酸的臭气,以此鉴别阿司匹林。反应式为

$$C_6H_4(COOH)(OCOCH_3) + Na_2CO_3 \xrightarrow{\triangle} C_6H_4(COONa)(OH) + CH_3COONa + CO_2\uparrow$$

$$C_6H_4(COONa)(OH) + H_2SO_4 \xrightarrow{\triangle} 2\,C_6H_4(COOH)(OH)\downarrow \quad N_2SO_4$$

$$2CH_3COONa + H_2SO_4 \longrightarrow 2CH_3COOH + Na_2SO_4$$

沉淀物于 100 ℃～105 ℃干燥后，熔点为 156 ℃～161 ℃。

2. 特殊杂质检查

(1)溶液的澄清度。

本实验系检查碳酸钠试液中不溶物。不溶物杂质有未反应完全的酚类，或水杨酸精制时温度过高，产生脱羧副反应的苯酚，以及合成工艺过程中由副反应生成的醋酸苯酯、水杨酸苯酯和乙酰水杨酸苯酯等。这些杂质均不溶于碳酸钠试液，而阿司匹林可溶解，利用溶解行为的差异，由一定量的阿司匹林在碳酸钠试液中溶解应澄清来加以控制。

(2)游离水杨酸。

用高效液相色谱外标法对样品中游离水杨酸的量进行测定。

3. 阿司匹林的含量测定

采用外标法定量分析阿司匹林含量。准确称取对照品和供试品，配制成溶液，分别精密取一定量，注入仪器，记录色谱图，测量对照品溶液和供试品溶液中待测成分的峰面积，按下式计算含量：

$$c_X = c_R \frac{A_X}{A_R}$$

式中：A_X——供试品的峰面积或峰高；

A_R——对照品的峰面积或峰高；

c_R——对照品的浓度；

c_X——供试品的浓度。

三、仪器与试剂

(1)仪器：高效液相色谱仪、烧杯、电炉、分析天平、配对比浊管、移液管、容量瓶、量筒。

(2)试剂：阿司匹林、水杨酸、三氯化铁试液(取 $FeCl_3$ 9.0 g，加水使溶解成 100 mL，即得)、蒸馏水、碳酸钠试液(取无水 Na_2CO_3 10.5 g，加水使溶解成 100 mL，即得)、稀硫酸(取硫酸 57 mL，加水稀释至 1000 mL，即得)、四氢呋喃、冰醋酸、乙腈(色谱纯)、甲醇。

四、实验步骤

1.鉴别

(1)取本品约 0.1 g,置 50 mL 烧杯中,加水 10 mL,煮沸,放冷,加三氯化铁试液 1 滴,即显紫堇色。

(2)取本品约 0.5 g,置 50mL 烧杯中,加碳酸钠试液 10mL,煮沸 2 min 后,放冷,加过量的稀硫酸,即析出白色沉淀,并发生醋酸的臭气。

2.检查

(1)溶液的澄清度。

取本品 0.5 g,置 50 mL 烧杯中,加入温热至约 45 ℃的碳酸钠试液 10 mL 溶解后,制备成供试品溶液,将该溶液在黑色背景下检视,溶液应澄清。

(2)游离水杨酸。

取本品 0.10 g,精密称定,置 10 mL 容量瓶中,加 1%冰醋酸的甲醇溶液适量,振摇使溶解,并稀释至刻度,摇匀,作为供试品溶液(临用新制);取水杨酸对照品约 10 mg,精密称定,置 100 mL 容量瓶中,加 1%冰醋酸的甲醇溶液适量使溶解并稀释至刻度,摇匀,精密量取 5 mL,置 50 mL 容量瓶中,用 1%冰醋酸的甲醇溶液稀释至刻度,摇匀,作为对照品溶液。照高效液相色谱法试验。用十八烷基硅烷键合硅胶为填充剂;以乙腈-四氢呋喃-冰醋酸-水(20∶5∶5∶70)为流动相;检测波长为 300 nm。理论塔板数按水杨酸峰计算不低于 5000,阿司匹林与水杨酸的分离度应符合要求。立即精密量取供试品溶液、对照品溶液各 20 μL,分别注入液相色谱仪,记录色谱图。供试品溶液色谱图如有与水杨酸峰保留一致的色谱峰,按外标法以峰面积计算,不得过 0.1%。

3.阿司匹林含量测定

(1)色谱条件与系统适用性试验。

用十八烷基硅烷键合硅胶为填充剂;以乙腈-四氢呋喃-冰醋酸-水(20∶5∶5∶70)为流动相;检测波长为 280 nm。理论塔板数按阿司匹林峰计算不低于 3000,阿司匹林与水杨酸的分离度应符合要求。

(2)测定。

取阿司匹林原料适量,精密称定,加 1%冰醋酸的甲醇溶液适量,振摇使溶解,并定量稀释制成每 1 mL 中约含 0.1 mg 的溶液,作为供试品溶液;另取阿司匹林对照品同法配制,作为对照品溶液。精密量取供试品溶液、对照品溶液各 20 μL,分别注入液相色谱仪,记录色谱图。按外标法以峰面积计算,即得。

五、数据处理

记录鉴别、检查和含量测定的结果,并对其讨论。

六、注意事项

(1)高效液相色谱仪严格按照仪器操作规程操作。

(2)小心进样操作,以免进样失败或损坏进样器。

(3)实验中可通过选择适当长度的色谱柱,调整流动相中有机相与水相的比例或流速,使阿司匹林峰、水杨酸峰的分离度达到定量分析的要求。

七、思考题

(1)配制供试品溶液时,为什么要使其浓度与对照品溶液的浓度相接近?

(2)简述鉴别试验的原理。

(3)检查游离的水杨酸时,为防止阿司匹林水解,操作中应注意哪些问题?

实验 42　异烟肼的杂质检查和异烟肼片的含量测定

一、实验目的

(1)掌握薄层色谱检查杂质的实验原理和操作技能。

(2)掌握溴酸钾法测定异烟肼含量测定原理和操作方法。

二、实验原理

异烟肼($C_6H_7N_3O$,分子量 137.14),其结构式见图 42-1。本品为无色结晶,或白色至类白色的结晶性粉末;无臭,味微甜后苦;遇光渐变质。本品为 4-吡啶甲酰肼。按干燥品计算,含 $C_6H_7N_3O$ 应为标示量的 95.0%～105.0%。对结核杆菌有抑制和杀灭作用,其生物膜穿透性好,由于疗效佳、毒性小、价廉、口服方便。该品为治疗结核病的首选药物,适用于各种类型的结核病,如肺、淋巴、骨、肾、肠等结核,结核性脑膜炎、胸膜炎及腹膜炎等。

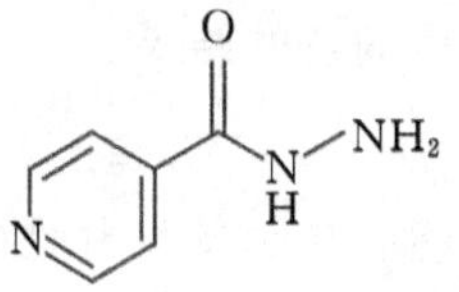

图 42-1　异烟肼结构图

薄层色谱法,系将适宜的固定相涂布于玻璃板、塑料或铝基片上,成一均匀薄层。待点样、展开后,与适宜的对照物按同法所得的色谱图作对比,用以进行药品的鉴别、杂质检查或含量测定的方法。其所用的仪器与材料如下:

(1)玻板。除另有规定外,用 5 cm×20 cm,10 cm×20 cm 或 20 cm×20 cm 的规格,要求光滑、平整,洗净后不附水珠,晾干。

(2)固定相或载体。最常用的有硅胶 G、硅胶 GF254 、硅胶 H、硅胶 HF254,其次有硅藻土、硅藻土 G、氧化铝、氧化铝 G、微晶纤维素、微晶纤维素 F254 等。其颗粒大小一般要求直径为 10～40 μm。薄层涂布,一般可分无黏合剂和含黏合剂两种,前者系将固定相直接涂布于玻板上,后者系在固定相中加入一定量的黏合剂,一般常用 10%～15%煅石膏($CaSO_4 \cdot 2H_2O$ 在 140 ℃加热 4 h),混匀后加水适量使用,或用羧甲基纤维素钠水溶液(0.5%～0.7%)适量调成糊状,均匀涂布于玻板上,也有含一定固定相或缓冲液的薄层。

(3)涂布器。应能使固定相或载体在玻板上涂成一层符合厚度要求的均匀薄层。

(4)点样器。常用具支架的微量注射器或定量毛细管,应能使点样位置正确、集中。

(5)展开室。应使用适合薄层板大小的玻璃制薄层色谱展开缸,并有严密的盖子,除另有规定外,底部应平整光滑,应便于观察。

具体的操作方法如下：

(1)薄层板制备。除另有规定外，将1份固定相和3份水在研钵中向一方向研磨混合，去除表面的气泡后，倒入涂布器中，在玻板上平稳地移动涂布器进行涂布(厚度为0.2～0.3 mm)，取下涂好薄层的玻板，置水平台上于室温下晾干，后在110 ℃烘30 min，即置有干燥剂的干燥箱中备用。使用前检查其均匀度(可通过透射光和反射光检视)。

(2)点样。除另有规定外，用点样器点样于薄层板上，一般为圆点，点样基线距底边2.0 cm，样点直径及点间距离同纸色谱法，点间距离可视斑点扩散情况以不影响检出为宜。点样时必须注意勿损伤薄层表面。

(3)展开。展开缸如需预先用展开剂饱和，可在缸中加入足够量的展开剂，并在壁上贴二条与缸一样高、宽的滤纸条，一端浸入展开剂中，密封缸顶的盖，使系统平衡或按正文规定操作。将点好样品的薄层板放入展开缸的展开剂中，浸入展开剂的深度为距薄层板底边0.5～1.0 cm(切勿将样点浸入展开剂中)，密封缸盖，待展开至规定距离(一般为10～15 cm)，取出薄层板，晾干，按各品种项下的规定检测。

(4)如需用薄层扫描仪对色谱斑点作扫描检出，或直接在薄层上对色谱斑点作扫描定量，则可用薄层扫描法。薄层扫描的方法除另有规定外，可根据各种薄层扫描仪的结构特点及使用说明，结合具体情况，选择吸收法或荧光法，用双波长或单波长扫描。由于影响薄层扫描结果的因素很多，故应在保证供试品的斑点在一定浓度范围内呈线性的情况下，将供试品与对照品在同一块薄层上展开后扫描，进行比较并计算定量，以减少误差。各种供试品，只有得到分离度和重现性好的薄层色谱，才能获得满意的结果。

1.游离肼的检查

异烟肼是一种不稳定的药物，可能会在制备时由原料引入游离肼，或在储藏过程中降解产生游离肼，肼是一种诱变剂和致癌物质，因此应对其进行限量检查。本实验采用薄层色谱法检查，利用药物与杂质用异丙醇-丙酮(3∶2)展开后，肼能与对二甲氨基苯甲醛反应生成腙显色，进行比较检查。

2.片剂的含量测定

异烟肼结构中的酰肼基团具有还原性，在强酸性介质中可与溴酸钾定量反应，反应式如下：

$$3\,\text{(4-pyridyl)}CONHNH_2 + 2KBrO_3 \xrightarrow{HCl} 3\,\text{(4-pyridyl)}COOH + 3N_2\uparrow + 3H_2O + 2KBr$$

三、仪器与试剂

(1)仪器：分析天平、研钵、5 cm×20 cm硅胶G薄层板(用羧甲基纤维素钠溶液制备)、层析缸、滴定管、容量瓶、移液管。

(2)试剂：异烟肼片(规格100 mg)、溴酸钾溶液(约0.01667 mol·L^{-1}，取溴酸钾2.8 g，加水适量溶解成1000 mL，摇匀)、硫酸肼、硫代硫酸钠、丙醇、丙酮、盐酸、乙醇制对二氨基苯甲醛试液(取对二甲氨基苯甲醛1 g，加乙醇9.0 mL与盐酸2.3 mL使之溶解，再加乙醇至100 mL，即得)、甲基橙指示液(取甲基橙 0.1 g,加水 100 mL 使溶解,即得)、碘化钾、稀硫酸、淀粉指示液(取可溶性淀粉 0.5 g,加水 5 mL 搅匀后,缓缓倾入 100 mL 沸水中,随加随搅拌,继续煮沸 2 min,放冷,倾取上层清液,即得)。

四、实验步骤

1.异烟肼中游离肼杂质检查

取本品,加水制成 50 $mg \cdot mL^{-1}$ 的异烟肼水溶液,作为供试品溶液。另取硫酸肼加水制成每 1 mL 中约含有 0.20 mg(相当于游离肼 50 μg)的溶液,作为对照品溶液。照薄层色谱法,吸取供试品溶液 10 μL 和对照品溶液 2 μL,分别点于同一硅胶 G 薄层板上,以异丙醇-丙酮(3∶2)为展开剂,展开,晾干,喷以乙醇制的对-二甲氨基苯甲醛试液,放置 15 min 后检视。在供试品溶液主斑点前方与对照品溶液主斑点相应位置,不得显黄色斑点。

2.异烟肼片的含量测定

(1)溴酸钾滴定液(约 0.01667 $mol \cdot L^{-1}$)的标定。

精密量取本液 25 mL,置碘瓶中,加碘化钾 2.0 g 与稀硫酸 5 mL,密塞,摇匀,在暗处放置 5 min 后,加水 100 mL 稀释,用硫代硫酸钠滴定液(0.1 $mol \cdot L^{-1}$)滴定至近终点时,加淀粉指示液 2 mL,继续滴定至蓝色消失。根据硫代硫酸钠滴定液的消耗量,算出溴酸钾滴定液的准确浓度。

(2)异烟肼片的含量测定。

取异烟肼片 20 片,精密称定,研细,精密称取适量(约相当于异烟肼 0.2 g),置于 100 mL 容量瓶中,加水适量,振摇使异烟肼溶解并稀释至刻度,摇匀,用干燥滤纸滤过,精密量取续滤液 25 mL,加水 50 mL,稀盐酸 20 mL 与甲基橙指示剂 1 滴,溴酸钾滴定液缓缓滴定(温度保持在 18 ℃～25 ℃)至粉红色消失,每 1 mL 溴酸钾滴定液(0.01667 $mol \cdot L^{-1}$)相当于 3.429 mg 的 $C_6H_7N_3O$。滴定结果用空白实验校正。

中国药典(2010 版)规定,本品含异烟肼($C_6H_7N_3O$)应为标示量的 95.0%～105.0%。

五、数据处理

异烟肼片剂的含量计算公式为

$$含量\% = \frac{V \times T \times F}{W} \times 100\%$$

式中:F——浓度校正因数,本实验中指溴酸钾滴定液(0.01667 $mol \cdot L^{-1}$)的浓度校正因数(实际测定浓度与规定浓度的比值);

T——溴酸钾滴定液(0.01667 $mol \cdot L^{-1}$)对异烟肼的滴定度(3.429 $mg \cdot mL^{-1}$);

V——供试品消耗滴定液的体积数;

W——取样量。

多次测定,确定异烟肼片剂的含量。

六、注意事项

(1)指示剂褪色是不可逆的,滴定过程中必须充分振摇,以避免滴定剂局部过浓而引起指示剂提前褪色，可补加 1 滴指示剂以验证终点是否真正到达。

(2)过滤前必须充分振摇，使异烟肼完全溶解。

(3)过滤用漏斗、烧杯必须干燥，弃去初滤液。

七、思考题

(1)写出异烟肼与溴酸钾的滴定反应式和滴定度的计算过程。

(2)当游离肼不合格时，对测定有何影响?

实验43　甲硝唑片的鉴别和含量测定

一、实验目的要求

(1)掌握甲硝唑片的鉴别原理及方法。

(2)熟悉紫外分光光度法测定甲硝唑片含量的基本原理及操作方法,并能进行有关计算。

(3)了解排除片剂中常用辅料干扰的操作。

二、实验原理

甲硝唑片的主要成分是甲硝唑。甲硝唑,白色至略黄色结晶粉末,其化学名称为:2-甲基-5-硝基咪唑-1-乙醇,结构式见图43-1。分子式:$C_6H_9N_3O_3$,分子量:171.16;溶于水、乙醇、氯仿、微溶于乙醚,难溶于二甲基甲酰氨,溶于无机酸。饱和水溶液pH值在5左右。避光保存。

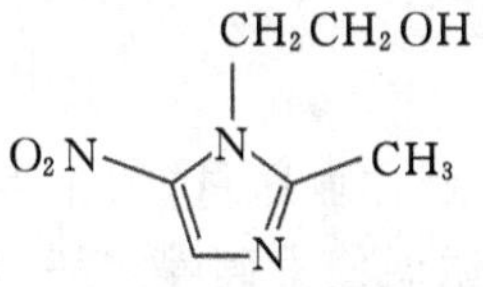

图43-1　甲硝唑结构图

甲硝唑片主要用于治疗或预防上述厌氧菌引起的系统或局部感染,如腹腔、消化道、下呼吸道、皮肤及软组织、骨和关节等部位的厌氧菌感染,对败血症、心内膜炎、脑膜感染以及使用抗生素引起的结肠炎也有效。

1. 鉴别

甲硝唑结构中的咪唑环显碱性,在酸性条件下可与某些试液(如三硝基苯酚试液等)生成有色沉淀,用于鉴别;甲硝唑在酸碱溶液中加热时呈不同的颜色可用于鉴别(此为芳香性硝基化合物的一般反应);甲硝唑结构中的咪唑环为共轭体系,在一定的紫外光区有特征吸收,可供鉴别。

2. 含量测定

根据甲硝唑能产生紫外吸收的性质,将本品用盐酸溶液配成稀溶液,在甲硝唑的最大吸收波长处测定吸收度,根据吸收度与浓度的关系,用紫外分光光度法中的吸收系数法计算含量。

利用甲硝唑能溶于盐酸溶液中,而片剂中的赋形剂不溶,通过过滤消除赋形剂对测定的干扰。

三、仪器与试剂

(1)仪器:紫外可见分光光度计、分析天平、电炉、量筒、刻度吸管、容量瓶、移液管、烧杯、试管、量杯、研钵。

(2)试剂:甲硝唑片(规格 0.2 g)、氢氧化钠试液(取氢氧化钠 4.0 g,加水使溶解成 100 mL,即得)、稀盐酸(取盐酸 234 mL,加水稀释至 1000 mL,即得)、三硝基苯酚试液(三硝基苯酚的饱和水溶液)、硫酸溶液(取硫酸 3.0 mL,加水稀释成 100 mL,即得)、盐酸溶液(取盐酸 9.0 mL,加水稀释至 1000 mL,即得)。

四、实验步骤

1. 性状

观察甲硝唑片的性状,本品为白色或类白色片。

2. 鉴别

(1)取本品的细粉适量(约相当于甲硝唑 10 mg,0.0114 g),加氢氧化钠试液 2 mL 微温,即得紫红色溶液;滴加稀盐酸使成酸性即变成黄色,再滴加过量氢氧化钠试液即变成橙红色。

(2)取本品的细粉适量(约相当于甲硝唑 0.2 g),加硫酸溶液 4 mL,振摇使甲硝唑溶解,过滤,滤液中加三硝基苯酚试液 10 mL,放置后即生成黄色沉淀。

(3)取含量测定项下的溶液,照紫外-可见分光光度法测定,在 277 nm 的波长处有最大吸收,在 241 nm 的波长处有最小吸收。

3. 含量测定

取本品 10 片,精密称定,研细,精密称取适量(约相当于甲硝唑 50 mg,即 0.0284 g),置 50 mL量瓶中,加盐酸溶液约 40 mL,微温使甲硝唑溶解,加盐酸溶液稀释至刻度,摇匀,用干燥滤纸滤过,精密量取续滤液 1.25 mL,置 50 mL 量瓶中,加盐酸溶液稀释至刻度,摇匀。取该溶液置 1 cm 厚的石英吸收池中,以相同盐酸溶液为空白,在 277 nm 的波长处测定吸收度,按 $C_6H_9N_3O_3$ 的吸收系数为 377 计算,即得。《中国药典》2010 年版规定本品含甲硝唑($C_6H_9N_3O_3$)应为标示量的 93.0%~107.0%。

五、数据处理

在紫外分光光度法测定片剂时,根据朗伯-比尔定律:

$$A = ECL$$

$$C = \frac{A}{E \times L} = \frac{A}{377 \times L}$$

上式表示 100 mL 供试液中所含甲硝唑的量(g),则 1 mL 中所含甲硝唑的量(g)为

$$\text{甲硝唑的量} = \frac{A}{377 \times L} \times \frac{1}{100}$$

$$\text{故:每片甲硝唑的量} = \frac{\frac{A}{377 \times L} \times \frac{1}{100} \times V \times D \times \text{平均片重}}{W} \quad (\text{g})$$

式中:V——供试品溶液原始体积,mL;

D——稀释倍数;

W——称取供试品的量,g。

甲硝唑片占标示量的百分比可按下式求得：

$$\text{标示量}\% = \frac{\frac{A}{377 \times L} \times \frac{1}{100} \times V \times D \times \text{平均片重}}{W \times \text{标示量}} \times 100\%$$

六、注意事项

(1) 本次实验是用紫外分光法进行含量测定，采用石英比色皿进行测定，比色皿在测定前，应用被测试液冲洗2～3次，以保证溶液的浓度不变。

(2)石英比色皿的透光面应保持光洁，拿取吸收池时，只能拿粗糙面，切不可拿透光面，使用及放置过程中应防止透光面与硬物接触，以免磨损。洗涤时，切不可用毛刷擦洗，一般以水冲洗，内壁沾污时，也可用绸布醮酒精液轻轻擦洗，必要时，可用重铬酸钾洗液浸泡，再用水洗净。比色皿外表需拭擦时，只能用擦镜纸或白绸布擦。实验结束后比色皿应用水冲洗干净，晾干即可。

七、思考题

(1)测定甲硝唑片含量时，用什么方法除去辅料的干扰？

(2)试述甲硝唑片鉴别试验的原理。

(3)片剂中常用辅料的干扰对象是什么？如何排除？

(4)用紫外可见分光光度法测物质含量时如何保证测定结果的准确？

附　录

附录 1　相对原子质量表

元素		原子量	元素		原子量	元素		原子量
符号	名称		符号	名称		符号	名称	
Ac	锕	[227]	Ge	锗	72.61	Pr	镨	140.90765
Ag	银	107.8682	H	氢	1.00794	Pt	铂	195.08
Al	铝	26.98154	He	氦	4.002602	Pu	钚	[244]
Am	镅	[243]	Hf	铪	178.49	Ra	镭	226.0254
Ar	氩	39.948	Hg	汞	200.59	Rb	铷	85.4678
As	砷	74.92160	Ho	钬	164.93032	Re	铼	186.207
At	砹	[210]	I	碘	126.90447	Rh	铑	102.90550
Au	金	196.96654	In	铟	114.818	Rn	氡	[222]
B	硼	10.811	Ir	铱	192.2217	Ru	钌	101.07
Ba	钡	137.327	K	钾	39.0983	S	硫	32.066
Be	铍	9.01218	Kr	氪	83.80	Sb	锑	121.760
Bi	铋	208.98038	La	镧	138.9055	Sc	钪	44.9559
Bk	锫	[247]	Li	锂	6.941	Se	硒	78.96
Br	溴	79.904	Lr	铹	[262]	Si	硅	28.0855
C	碳	12.011	Lu	镥	174.967	Sm	钐	150.36
Ca	钙	40.078	Md	钔	[256]	Sn	锡	118.710
Cd	镉	112.411	Mg	镁	24.3050	Sr	锶	87.62
Ce	铈	140.116	Mn	锰	54.936809	Ta	钽	180.9479
Cf	锎	[251]	Mo	钼	95.94	Tb	铽	158.92534
Cl	氯	35.4527	N	氮	14.00674	Tc	锝	98.9062
Cm	锔	[247]	Na	钠	22.989770	Te	碲	127.60
Co	钴	58.93320	Nb	铌	92.90638	Th	钍	232.0381
Cr	铬	51.9961	Nd	钕	144.24	Ti	钛	47.88
Cs	铯	132.90545	Ne	氖	20.1797	Tl	铊	204.3833
Cu	铜	63.546	Ni	镍	58.6934	Tm	铥	168.93421
Dy	镝	162.50	No	锘	[259]	U	铀	238.0289
Er	铒	167.26	Np	镎	237.0482	V	钒	50.9415
Es	锿	[252]	O	氧	15.9994	W	钨	183.85
Eu	铕	151.96	Os	锇	190.23	Xe	氙	131.29
F	氟	18.99840	P	磷	30.973761	Y	钇	88.90585
Fe	铁	55.845	Pa	镤	231.03588	Yb	镱	173.04
Fm	镄	[257]	Pb	铅	207.2	Zn	锌	65.39
Fr	钫	[223]	Pd	钯	106.42	Zr	锆	91.224
Ga	镓	69.723	Pm	钷	[145]			
Gd	钆	157.25	Po	钋	[209]			

附录 2 常用化合物的相对分子质量表

分子式	式量	分子式	式量	分子式	式量
$AgBr$	187.78	$NH_4Fe(SO_4)_2\cdot 12H_2O$	482.19	$Mg_2P_2O_7$	222.56
$AgCl$	143.32	$HCHO$	30.03	MnO_2	86.94
AgI	234.77	$HCOOH$	46.03	$Na_2B_4O_7\cdot 10H_2O$	381.37
$AgCN$	133.84	$H_2C_2O_4$	90.04	$NaBr$	102.90
$AgNO_3$	169.87	HCl	36.46	Na_2CO_3	105.99
Al_2O_3	101.96	$HClO_4$	100.46	$Na_2C_2O_4$	134.00
$Al_2(SO_4)_3$	342.15	HNO_2	47.01	$NaCl$	58.44
As_2O_3	197.84	HNO_3	63.01	$NaCN$	49.01
$BaCl_2$	208.25	H_2O	18.02	$Na_2C_{10}H_{14}O_8N_2\cdot 2H_2O$	372.09
$BaCl_2\cdot 2H_2O$	244.28	H_2O_2	34.02		
$BaCO_3$	197.35	H_3PO_4	98.00	Na_2O	61.98
BaO	153.34	H_2S	34.08	$NaOH$	40.01
$Ba(OH)_2$	171.36	HF	20.01	Na_2SO_4	142.04
$BaSO_4$	233.40	HCN	27.03	$Na_2S_2O_3\cdot 5H_2O$	248.18
$CaCO_3$	100.09	H_2SO_4	98.08	Na_2SiF_6	188.06
CaC_2O_4	128.10	$HgCl_2$	271.50	Na_2S	78.04
CaO	56.08	KBr	119.01	Na_2SO_3	126.04
$Ca(OH)_2$	74.109	$KBrO_3$	167.01	NH_4Cl	53.49
$CaSO_4$	136.14	KCl	74.56	NH_3	17.03
$Ce(SO_4)_2$	333.25	K_2CO_3	138.21	$NH_3\cdot H_2O$	35.05
CO_2	44.01	KCN	65.12	$(NH_4)_2SO_4$	132.14
CH_3COOH	60.05	K_2CrO_4	194.20	P_2O_5	141.95
$C_6H_8O_7\cdot H_2O$（柠檬酸）	210.14	$K_2Cr_2O_7$	294.19	PbO_2	239.19
		$KHC_8H_4O_4$	204.23	$PbCrO_4$	323.18
$C_4H_8O_6$（酒石酸）	150.09	KI	166.01	SiF_4	104.08
CH_3COCH_3	58.08	KIO_3	214.00	SiO_2	60.08
C_6H_5OH	94.11	$KMnO_4$	158.04	SO_2	64.06
$C_2H_2(COOH)_2$（丁烯二酸）	116.07	K_2O	94.20	SO_3	80.06
		KOH	56.11	$SnCl_2$	189.60
CuO	79.54	$KSCN$	97.18	TiO_2	79.90
$CuSO_4$	159.60	K_2SO_4	174.26	ZnO	81.37
$CuSO_4\cdot 5H_2O$	249.68	$KAl(SO_4)_2\cdot 12H_2O$	474.39	$ZnSO_4\cdot 7H_2O$	287.54
$CuSCN$	121.62	KNO_2	85.10		
FeO	71.85	$K_4Fe(CN)_6$	368.36		
Fe_2O_3	159.69	$K_3Fe(CN)_6$	329.26		
Fe_3O_4	231.54	$MgCl_2\cdot 6H_2O$	203.23		
$FeSO_4\cdot 7H_2O$	278.02	$MgCO_3$	84.32		
$Fe_2(SO_4)_3$	399.87	MgO	40.31		
$FeSO_4(NH_4)2SO_4\cdot 6H_2O$	392.14	$MgNH_4PO_4$	137.33		

附录3 常用缓冲溶液的配制

缓冲溶液组成	pKa	缓冲液 pH 值	缓冲溶液配制方法
氨基乙酸-HCl	2.35(pK_{a1})	2.3	取氨基乙酸 150 g 溶于 500 mL 水中加浓 HCl 80 mL，水稀释至 1 L
H_3PO_4-枸橼酸盐	2.86	2.5	取 $Na_2HPO_4 \cdot 12H_2O$ 113 g 溶于 200 mL 水后，加枸橼酸 387 g，溶解过滤后，稀释至 1 L
一氯乙酸-NaOH	2.95(pK_{a1})	2.8	取 200 g 一氯乙酸溶于 200 mL 水中，加 NaOH 40 g 溶解后，稀释至 1 L
邻苯二甲酸氢钾-HCl	3.76	2.9	取 500 mg 邻苯二甲酸溶于 500 mL 水中，加浓 HCl 80 mL，稀释至 1 L
甲酸-NaOH	4.74	3.7	取 95 g 甲酸和 NaOH 40 g 于 500 mL 水中，溶解，稀释至 1 L
NH_4Ac-HAc	4.74	4.5	取 NH_4Ac 77 g 溶于 200 mL 水中，加冰醋酸 59 mL，稀释至 1 L
NaAc-HAc		4.7	取无水 NaAc 83 g 溶于水中，加冰醋酸 60 mL，稀释至 1 L
NaAc-HAc		5.0	取无水 NaAc 160 g 溶于水中，加冰醋酸 60 mL，稀释至 1 L
NH_4Ac-HAc		5.0	取无水NH_4Ac 250 g 溶于水中，加冰醋酸25 mL，稀释至 1 L
六次甲基四胺-HCl	5.15	5.4	取六次甲基四胺 40 g 溶于 200 mL 水中，加浓 HCl 10 mL，稀释至 1 L
NH_4Ac-HAc		6.0	取无水NH_4Ac 600 g 溶于水中，加冰醋酸20 mL，稀释至 1 L
Tris-HCl (三羟甲基氨甲烷)	8.21	8.2	取 25 g Tris 试剂溶于水中，加浓 HCl 8 mL，稀释至 1 L
$CNH_2 \equiv (HOCH_2)_3$			
NH_3-NH_4Cl	9.26	9.0	取 NH_4Cl 70 g 溶于水中，加浓氨水 48 mL，稀释至 1 L
NH_3-NH_4Cl	9.26	9.5	取 NH_4Cl 54 g 溶于水中，加浓氨水 126 mL，稀释至 1 L
NH_3-NH_4Cl	9.26	10.0	取 NH_4Cl 54 g 溶于水中，加浓氨水 350 mL，稀释至 1 L

附录 4　常用浓酸、浓碱溶液的密度和浓度

试剂名称	化学式	式量	密度 /(g·mL^{-1})	质量分数 w/%	物质的量浓度 C_B /(mol·L^{-1})
浓硫酸	H_2SO_4	98.08	1.83～1.84	95～98	17.8～18.4
浓盐酸	HCl	36.46	1.18～1.19	36～38	11.6～12.4
浓硝酸	HNO_3	63.01	1.39～1.40	65.0～68.0	14.4～15.2
浓磷酸	H_3PO_4	98.00	1.69	85	14.6
冰乙酸	CH_3COOH	60.05	1.05	99.0	17.4
高氯酸	$HClO_7$	100.46	1.68	70.0～72.0	11.7～12.0
氢氟酸	HF	20.01	1.13	40	22.5
氢溴酸	HBr	80.91	1.49	47.0	8.6
浓氢氧化钠	$NaOH$	40.00	1.43	40	14
浓氨水	$NH_3·H_2O$	17.03	0.88～0.90	25.0～28.0	13.3～14.8
三乙醇胺	$N(CH_2CH_2OH)_3$	149.19	1.124		7.5

附录5 红外光谱中基团的特征频率和振动类型

特征频率区域	波数/cm^{-1}	振动类型	基团的特征频率/cm^{-1}
N—H 和 O—H 伸缩振动区域	3750～3000	O—H 伸缩	醇酚:单体 3650～3590(s) 缔合 3400～3200(s,b) 酸: 单体 3560～3500(m) 缔合 3000～2500(s,b)
		N—H 伸缩	胺 1°:3500(m)和 3400(m) 2°:3500～3300(m) 亚胺:3400～3300(m) 酰胺:3350(m)和 3180(m) 一取代酰胺:3320～3060(m)
不饱和 C—H 伸缩振动区域	3300～3010	≡C—H 伸缩	炔:3300(s)
		═C—H 伸缩	烯:3090～3010(m) 芳环:～3030
饱和 C—H 伸缩振动区域	3000～2800	C—H 伸缩	烷烃:$-CH_3$: 2962±10(s) 2872±10(s) $-CH_2$: 2926±10(s) 2853±10(s)
叁键和累积双键伸缩振动区域	2400～2100	C≡C 伸缩	炔:RC≡CH 2140～2100(s) RC≡CR′ 2260～2190(vw)
		C≡N 伸缩	腈 2260～2240(m)
		—N═C═O 伸缩	异氰酸酯 2275～2240(s)
		—O═C═O 伸缩	烯酮 ～2150
羰基伸缩振动区域	1900～1630	C═O 伸缩	酸酐: 1850～1800(s) 1790～1740(s) 酰卤: 1815～1770(s) 酯: 1750～1735(s) 醛: 1740～1720(s) 酮 1725～1705(s) 酸: 1725～1700(s) 酰胺: 1690～1630(s)

续表

特征频率区域	波数/cm^{-1}	振动类型	基团的特征频率/cm^{-1}
双键伸缩振动区域	1675～1500	C═C 伸缩	烯： 1680～1620(v) 芳环： 1600(v);1580(m) 1500(v);1450(m)
		C═N 伸缩	亚胺、肟 1690～1640(v)
		N═N 伸缩	偶氮 1630～1575(v)
饱和 C—H 面内弯曲振动区域	1475～1300	C—H 面内弯曲	烷烃： CH_3：1470～1430(m) 1380～1370(s) CH_2：1485～1445(m) CH：1340(w)
不饱和 C—H 面内弯曲振动区域	1000～650	═C—H 面外弯曲	烯： 单取代： 995～985(s) 915～905 顺式取代： ～690(s) 反式取代： 970～960(s) 同碳二取代：895～885 三取代： 840～790(s) 芳烃： 5 个相邻氢原子：770～730(vs) 710～640(s) 4 个相邻氢原子：770～735(vs) 3 个相邻氢原子：810～750(vs) 2 个相邻氢原子：860～800(vs) 1 个氢原子： 900～860(m)
		≡C—H 面外弯曲	炔 665～625(s)

附录6 常用仪器的使用方法

一、岛津UV-2450型紫外可见分光光度计使用方法

(1)检查各电源线路是否连接好,检查完毕,打开电源。

(2)打开主机电源。

(3)打开电脑电源,进入Windows界面。

(4)启动UV probe软件,单击"连接"按钮,连主机,仪器自动进行初始化自检;自检完毕,点击"确定",开始测定。

(5)波长扫描选择"光谱"界面,定量分析选择"光谱测定"界面。

(6)定量分析。设置波长等参数,将空白溶液分别放置样品池和参比池,点击"自动调零"按钮,再把样品溶液放入样品池中,即可读数测定;一般供试品溶液的吸收度读数,以在0.3~0.7的误差较小。

(7)波长扫描。点击"光谱界面",将空白溶液分别放置样品池和参比池,点击"基线"按钮,选择波长范围,点击"确定",进行基线校正;将样品溶液的比色皿置样品池中,点击"开始"即可。

(8)输出扫描报告书。点击右键复制光谱界面项下"图谱"及其数据,粘贴至报告界面中,同时进行文字、图谱及数据编辑整理,即可打印或保存。

(9)测定完毕,退出UV Pyobe软件,关掉UV-2450紫外分光光度计电源。

二、岛津RF5301荧光光度计使用方法

(1)接通仪器和氙灯电源,进行初始化检查和初置,如一切顺利通过,就可以开始测定。

(2)光谱模式参数设定。

①在菜单栏中,选择"Acquire Mode""Spectrum"进入光谱模式,选择"Configure""Parameters",弹出光谱参数对话框,设置要测量的光谱类型以及合适的激发光、发射光的波长或范围,显示范围,扫描速度,采样间隔,激发发射狭缝宽度,灵敏度,反应时间,点击"OK"确定。

②若样品激发光谱的发射波长或发射光谱的激发波长未知,则在上述对话框中设置合适的激发发射狭缝宽度,灵敏度(控制荧光强度不会过大),放置样品,在光度计按键中点击"Search λ",在弹出的对话框中选择激发光和发射光的范围以及激发光的波长的间隔,点击"Search"等待一段时间,由仪器给出最优波长。

③数据采集:放置样品,点击"Start"开始测定,测定完毕后在弹出的对话框中输入文件名称,点击"Save"。

(3)定量模式参数设定。

①菜单栏中选择"Acquire Mode""Quantitative"进入定量模式,选择"Configure""Parameters",在弹出的参数对话框中选择方法,激发、发射光波长,激发发射狭缝宽度,灵敏度,反应时间,单位,浓度以及强度范围。

②制作工作曲线:以多点工作曲线为例,在"Quantitative Parameters"对话框中,点击

"Method"下拉菜单，选择"Multipoint Working Curve"后，选择工作曲线的次数，是否过原点(如1次，过原点)，点击"OK"，在光度计按键中点击"standard"，进入标准曲线制作界面，放入空白溶剂，点击"auto zero"，放入标准样品，点击"read"，在"Edit"对话框输入标准样品浓度，点击"OK"，类似地，得到剩余标准样品数据，软件显示工作曲线并给出曲线方程(勾选"Presentation""Display Equation"可见)。

③测定样品浓度：在光度计按键中点击"unkown"，依次逐个放入样品，点击"read"。

三、安捷伦4890气相色谱仪操作步骤

1. 开机

(1)打开气源(先打开氮气瓶，随后打开瓶上两极减压阀(该阀为逆向阀)使指针指向5)。

(2)打开氢气发生器。

(3)打开计算机，进入电脑画面。

(4)打开电源。

(5)待仪器自检完毕，双击"Cerity QA - QC"图标，化学工作站自动与4890通讯。

注意：计算机一旦与4890连接，4890上键盘除[start]与[stop]外，其余均不起作用，需用计算机控制。

2. 仪器配置

(1)根据色谱仪的实际配置，正确配置仪器参数。("仪器"→"配置")，单击"配置"→"操作员姓名"→"添加"设定操作人员的信息

(2)数据采集方法编辑：

①单击"方法"标签→单击"创建"→选择"创建新方法"；

②在"新方法名"中输入新方法名称；

③选择新方法要应用的仪器单击"确定"进入下一页可在方法标签内的说明栏中输入方法的相关信息；

④单击"采集"，设定仪器参数[进样器(后)，进样口(后)，柱箱(后)，检测器(后)，信，2]，设定完后，单击下部的"保存"。

⑤单击"仪器"→"状态"→"下载"，将编辑好的方法应用到仪器。

3. 点火

待检测器温度高于200 ℃时方可点火，扭开4980D左上角氢气旋钮按[PRESS]键点火。可拿一冷的有光亮的平板在收集器出口处试一下，持续出现凝结水表示火以点着。

4. 注册样品

(1)单击"样品"→"编辑"，编辑样品信息，标准品应在样品类型中选"校准"，待测样品应选"样品"，样品信息输完后，单击"注册样品"。

(2)开始样品测试：

①单击"仪器"→"工作列表"→"开始"，启动工作列表程序，可将界面切换到"实时绘图"，观察基线，待状态栏中出现"等待进样"且基线满足要求后即可进样(手动进样)。

②进样后立即按4890D键盘上[start]键，计算机显示一标记并开始记录图像，测完一样

品后，按键盘上[stop]键，随后可继续下一样品的测量。

5. 数据分析

(1)积分事件优化："方法"→选择所用的方法→"分析"→"基本谱图"打开所要分析的数据→在"初始设定"、"时间事件"中设定适当的参数，直至得到理想的积分结果。

(2)谱图优化："方法"→选择所用的方法→"图形选项"，使用"自动设定"，如谱图不理想，手动设定"时间范围"和"响应范围"，直至得到理想的谱图。

(3)报告输出设定："方法"→"输出"，选择所需的报告格式。

(4)保存方法：再次进样后，在"样品"→"报告"中即会得到所需的报告。

6. 关机

①先关氢气旋钮至 OFF；

②关氢气发生器；

③关闭仪器，按仪器键盘上[STOP]键，待柱箱温度降至 50 ℃以下才可以关闭；

④关计算机；

⑤最后关氮气瓶(先关两极减压阀，再关总阀)。

四、安捷伦 1260 型高效液相色谱仪标准操作规程

1. 开机

(1)打开计算机，登陆 Windows 操作系统。

(2)打开主机各模块电源(从上至下)，待各模块完成自检后，打开化学工作站，从"视图"菜单中选择"方法和运行控制"画面。

(3)把各流动相放入溶剂瓶中。

(4)旋开排气阀(逆时针)，右单击"四元泵"图标出现快捷键，点击"方法"选项进入泵编辑画面。将泵流量设到 3 $mL\cdot min^{-1}$，溶剂 A 设到 100%，打开泵，排出管线中的气体 2～3 min，直到管线内由溶剂瓶到泵入口无气泡为止，查看柱前压力(若大于 10 bar，则应更换排气阀内过滤白头)。

(5)依此切换到 B、C、D 溶剂分别排气。

(6)将泵的流量设到 0.8 $mL\cdot min^{-1}$，多元泵则再设定溶剂配比，如 A＝80%，B＝20%；关闭排气阀(顺时针)。

(7)再将泵的流量设到 0.8 $mL\cdot min^{-1}$，2 min 后将泵的流量设到 1.0 $mL\cdot min^{-1}$，冲洗色谱柱 20～30 min。

(8)把缓冲液换成流动相，待柱前压力基本稳定后，打开检测器灯，观察基线情况。

2. 数据采集方法编辑

(1)编辑样品信息：由"运行控制"进入"样品信息"，设定操作者姓名，样品数据文件名等。

(2)编辑完整方法：从"方法"菜单中选择"编辑完整方法"项。勾选"方法信息"、"仪器/采集"、"运行时选项表"三项，点击确定。出现"方法信息"对话框，如有需要可将方法的描述信息输入，也可选择不输入任何信息，点击确定。

(3)四元泵参数设定：在"流速"处输入流量，如 1 $mL\cdot min^{-1}$，在"溶剂"处选中 B 输入 18%

(A＝100－B－C－D)，在右面注释栏中标明各溶剂的名称；设置“停止时间”和“后运行时间”，在“压力限值”处输入柱子的最大耐高压以保护柱子(如：400 bar)，在“时间表”添加编辑梯度。

(4)进样器参数设定：在进样模式中输入进样量××μL。“标准进针”——只能输入进样体积此方式无洗针功能；“针清洗后进样”——可以输入进样体积和洗瓶位置为××，此方式针从样品瓶抽完样品后会在洗瓶中洗针。

(5)进样器进样程序参数设定：选中使用进样程序，在“函数”中添加相应函数即可按程序进样。

(6)TCC 检测器参数设定：在“温度”左侧下面的方框内输入所需温度，并选中它，右侧选中“与左侧相同”——使柱温箱的温度左右一致。

(7)VWD 检测器参数设定：在“波长”下方的空白处输入所需的检测波长，如 254 nm，在“峰宽(响应时间)”下方点击下拉式三角框，选择合适的响应时间，如＞0.1 min(2 s)，再设置“停止时间”和“后运行时间”。

(8)仪器曲线设置：默认即可。

3. 数据处理

(1)从“视图”菜单中单击“数据分析”进入数据分析画面。

(2)从“文件”菜单选择“调用信号”选中您的数据文件名，单击“确定”。

(3)谱图优化，从“图形”菜单中选择“信号选项”，从“范围”中选择“自动量程”及合适的显示时间单击“确定”或选择“自定义量程”调整，反复进行直到图的比例合适为止。

(4)积分：从“积分”中选择“自动积分”，积分结果不理想，再从菜单中选“积分事件”，选项选择合适的“斜率灵敏度、峰宽、最小峰面积、最小峰高”。从“积分”菜单中选择“积分”选项则数据被积分。如积分结果不理想，则修改相应的积分参数直到满意为止。单击左边图标将积分参数存入方法。

(5)校正表设计：点击“校正”菜单中的“校正设置”，给出各个参数：点击“确定”；调出建立校正表所需的谱图并对谱图进行图形优化和积分优化；点击“校正”菜单中的“新建校正表”；在“新建校正表”栏里选定“自动设定”点击“确定”；在“校正表”中给出正确的“化合物名”和“含量”；如需增加校正点数，给出第二校正点的“含量”，校正表建立完成后点击“确定”，点击“保存图标”将校正表存入方法中。

(6)打印报告：从“报告”菜单中选择“设定报告”选项进入画面：单击“定量结果”框中“定量”右侧的黑三角选中“百分比法”面积百分比，其它选项不变，单击“确定”。从“报告”菜单中选择“打印”，则报告结果将打印到屏幕上，如想输出到打印机上则单击“报告”底部的“打印”。

4. 关机

(1)关机前，用 50%乙腈水冲洗柱子和系统 0.5～1 h，流量 0.8～1.0 $mL \cdot min^{-1}$，再用 100%有机溶剂冲 0.5 h，然后关泵。

(2)退出化学工作站，及其它窗口，关闭计算机(用 shut down 关)。

(3)关掉主机电源开关。

5. 注意事项

(1)氘灯是易耗品，应最后开灯，不分析样品即关灯。

(2)开机时，打开排气阀，100%水，泵流量 5 $mL \cdot min^{-1}$，若此时显示压力＞10 bar，则应更换排气阀内过滤白头。

(3)流动相使用前必须过滤,不要使用多日存放的蒸馏水(易长菌)。

(4)流动相使用前必须进行脱气处理,可用超声波振荡 10～15 min。

(5)配制 90%水+10%异丙醇,以每分 2～3 滴的速度虹吸排出,进行 seal-wash,溶剂不能干涸。

参考文献

[1] 北京大学化学学院有机化学研究所. 有机化学实验[M]. 2 版. 关烨第，李翠娟，葛树丰，修订. 北京：北京大学出版社，2002.
[2] 罗澄源，向明礼. 物理化学实验[M]. 4 版. 北京：高等教育出版社，2004.
[3] 强亮生，王慎敏. 精细化工综合实验[M]. 7 版. 哈尔滨：哈尔滨工业大学出版社，2015.
[4] 浙江大学，南京大学，北京大学，兰州大学. 综合化学实验[M]. 北京：高等教育出版社，2001.
[5] 李厚金，石建新，邹小勇. 基础化学实验[M]. 2 版. 北京：科学出版社，2015.
[6] 常薇，郁翠华. 分析化学实验[M]. 西安：西安交通大学出版社，2009.
[7] 何卫东，金邦坤，郭丽萍. 高分子化学实验[M]. 2 版. 合肥：中国科学技术大学出版社，2012.
[8] 兰州大学. 有机化学实验[M]. 3 版. 王清谦，李瀛，高坤，许鹏飞，曹小平，修订. 北京：高等教育出版社，2010.
[9] 四川大学化工学院，浙江大学化学系. 分析化学实验[M]. 4 版. 北京：高等教育出版社，2015.
[10] 胡坪. 仪器分析实验[M]. 3 版. 北京：高等教育出版社，2016.
[11] 王元兰，张君枝，黄自. 仪器分析实验[M]. 北京：化学工业出版社，2014.
[12] 蔡苏英. 染整技术实验[M]. 2 版. 北京：中国纺织出版社，2016.
[13] 陈英，屠天民. 染整工艺实验教程[M]. 2 版. 北京：中国纺织出版社，2015.
[14] 万融，刑生远. 服用纺织品质量分析与检测[M]. 北京：中国纺织出版社，2006.
[15] 李珺. 综合化学实验[M]. 西安：西北大学出版社，2003.
[16] 孙学芹，刘洪来. 综合化学实验[M]. 北京：化学工业出版社，2010.
[17] 欧阳玉祝. 综合化学实验[M]. 北京：化学工业出版社，2011.
[18] 罗春华，董秋静，张宏. 材料化学专业综合实验[M]. 北京：机械工业出版社，2015.
[19] 张太亮，鲁红升，全红平. 表面及胶体化学实验[M]. 北京：化学工业出版社，2011.
[20] 史继诚. 综合化学实验[M]. 北京：清华大学出版社，2014.
[21] 张振秋，马宁. 药物分析实验指导[M]. 北京：中国医药科技出版社，2016.
[22] 刘杰. 食品分析实验[M]. 北京：化学工业出版社，2009.